全国高职高专教育精品规划教材

机械制图与测绘

主　编　常　明

副主编　王　琪　叶朝晖

参　编　张美荣　张凤魁　刘玉娟

　　　　朱金平　徐玉龙

北京交通大学出版社

·北京·

内 容 简 介

本书是根据机械制造领域职业岗位群职业能力培养的需求，以台式钻床中机械零件的测绘、制图与装配为主线，按照"教、学、做"一体化模式进行设计的。全书用情景引入、以任务驱动，每个任务按照任务描述、学习目标、任务分析、任务实施、相关知识、思考练习和学习评价的顺序编写，遵循学生职业能力培养的基本规律，由简单到复杂、由单一到综合，以真实工作任务为依据，科学设计学习型工作任务，并采用最新的国家标准。

本书适合作为高职高专院校机械类、近机类相关专业的教材，也可作为培训机构和企业的培训教材以及相关技术人员的参考用书。

版权所有，侵权必究。

图书在版编目（CIP）数据

机械制图与测绘 / 常明主编. — 北京：北京交通大学出版社，2013.5
（全国高职高专教育精品规划教材）
ISBN 978 – 7 –5121 – 1472 – 2

Ⅰ. ① 机…　Ⅱ.① 常…　Ⅲ. ① 机械制图 – 高等职业教育 – 教材　② 机械元件 – 测绘 – 高等职业教育 – 教材　Ⅳ.① TH126 ② TH13

中国版本图书馆 CIP 数据核字（2013）第 108720 号

责任编辑：薛飞丽　刘　辉
出版发行：北京交通大学出版社　　　　　　电话：010 – 51686414
　　　　　北京市海淀区高梁桥斜街 44 号　　邮编：100044
印 刷 者：北京鑫海金澳胶印有限公司
经　　销：全国新华书店
开　　本：185×260　　印张：11　　字数：262 千字
版　　次：2013 年 6 月第 1 版　　2013 年 6 月第 1 次印刷
书　　号：ISBN 978 – 7 – 5121 – 1472 – 2/TH · 49
印　　数：1～3 000 册　　定价：22.00 元

本书如有质量问题，请向北京交通大学出版社质监组反映。对您的意见和批评，我们表示欢迎和感谢。
投诉电话：010 – 51686043，51686008；传真：010 – 62225406；E-mail：press@bjtu.edu.cn。

出 版 说 明

　　高职高专教育是我国高等教育的重要组成部分，其根本任务是培养生产、建设、管理和服务第一线需要的德、智、体、美全面发展的应用型专门人才，所培养的学生在掌握必要的基础理论和专业知识的基础上，应重点掌握从事本专业领域实际工作的基础知识和职业技能，因此与其对应的教材也必须有自己的体系和特点。

　　为了适应我国高职高专教育发展及其对教育改革和教材建设的需要，在教育部的指导下，我们在全国范围内组织并成立了"全国高职高专教育精品规划教材研究与编审委员会"（以下简称"教材研究与编审委员会"）。"教材研究与编审委员会"的成员所在单位皆为教学改革成效较大、办学实力强、办学特色鲜明的高等专科学校、成人高等学校、高等职业学校及高等院校主办的二级职业技术学院，其中一些学校是国家重点建设的示范性职业技术学院。

　　为了保证精品规划教材的出版质量，"教材研究与编审委员会"在全国范围内选聘"全国高职高专教育精品规划教材编审委员会"（以下简称"教材编审委员会"）成员和征集教材，并要求"教材编审委员会"成员和规划教材的编著者必须是从事高职高专教学第一线的优秀教师和专家。此外，"教材编审委员会"还组织各专业的专家、教授对所征集的教材进行评选，对所列选教材进行审定。

　　此次精品规划教材按照教育部制定的"高职高专教育基础课程教学基本要求"而编写。此次规划教材按照突出应用性、针对性和实践性的原则编写，并重组系列课程教材结构，力求反映高职高专课程和教学内容体系改革方向；反映当前教学的新内容，突出基础理论知识的应用和实践技能的培养；在兼顾理论和实践内容的同时，避免"全"而"深"的面面俱到，基础理论以应用为目的，以必要、够用为尺度；尽量体现新知识和新方法，以利于学生综合素质的形成和科学思维方式与创新能力的培养。

　　此外，为了使规划教材更具广泛性、科学性、先进性和代表性，我们真心希望全国从事高职高专教育的院校能够积极参与到"教材研究与编审委员会"中来，推荐有特色、有创新的教材。同时，希望将教学实践的意见和建议及时反馈给我们，以便对出版的教材不断修订、完善，不断提高教材质量，完善教材体系，为社会奉献更多、更新的与高职高专教育配套的高质量教材。

　　此次所有精品规划教材由全国重点大学出版社——北京交通大学出版社出版。适合于各类高等专科学校、成人高等学校、高等职业学校及高等院校主办的二级技术学院使用。

全国高职高专教育精品规划教材研究与编审委员会

2013 年 6 月

总　　序

历史的年轮已经跨入了公元 2013 年，我国高等教育的规模已经是世界之最，2010 年毛入学率达到 26.5%，属于高等教育大众化教育阶段。根据教育部 2006 年第 16 号《关于全面提高高等职业教育教学质量的若干意见》等文件精神，高职高专院校要积极构建与生产劳动和社会实践相结合的学习模式，把工学结合作为高等职业教育人才培养模式改革的重要切入点，带动专业调整与建设，引导课程设置、教学内容和教学方法改革。由此，高职高专教学改革进入了一个崭新阶段。

新设高职类型的院校是一种新型的专科教育模式，高职高专院校培养的人才应当是应用型、操作型人才，是高级蓝领。新型的教育模式需要我们改变原有的教育模式和教育方法，改变没有相应的专用教材和相应的新型师资力量的现状。

为了使高职院校的办学有特色，毕业生有专长，需要建立"以就业为导向"的新型人才培养模式。为了达到这样的目标，我们提出"以就业为导向，要从教材差异化开始"的改革思路，打破高职高专院校使用教材的统一性，根据各高职高专院校专业和生源的差异性，因材施教。从高职高专教学最基本的基础课程，到各个专业的专业课程，着重编写出实用、适用高职高专不同类型人才培养的教材，同时根据院校所在地经济条件的不同和学生兴趣的差异，编写出形式活泼、授课方式灵活、满足社会需求的教材。

培养的差异性是高等教育进入大众化教育阶段的客观规律，也是高等教育发展与社会发展相适应的必然结果。只有使在校学生接受差异性的教育，才能充分调动学生浓厚的学习兴趣，才能保证不同层次的学生掌握不同的技能专长，避免毕业生被用人单位打上"批量产品"的标签。只有高等学校的培养有差异性，其毕业生才能有特色，才会在就业市场具有竞争力，从而使高职高专的就业率大幅度提高。

北京交通大学出版社出版的这套高职高专教材，是在教育部"十一五规划教材"所倡导的"创新独特"四字方针下产生的。教材本身融入了很多较新的理念，出现了一批独具匠心的教材，其中，扬州环境资源职业技术学院的李德才教授所编写的《分层数学》，教材立意新颖，独具一格，提出以生源的质量决定教授数学课程的层次和级别。还有无锡南洋职业技术学院的杨鑫教授编写的一套《经营学概论》系列教材，将管理学、经济学等不同学科知识融为一体，具有很强的实用性。

此套系列教材是由长期工作在第一线、具有丰富教学经验的老师编写的，具有很好的指导作用，达到了我们所提倡的"以就业为导向培养高职高专学生"和因材施教的目标要求。

教育部全国高等学校学生信息咨询与就业指导中心择业指导处处长
中国高等教育学会毕业生就业指导分会秘书长
曹　殊　研究员

前　　言

我国职业教育课程改革要求教师更新教学观念、合理选择教学策略和教学模式、激发学生的学习兴趣、培养学生综合职业能力。其中，情境教学模式是指创设适宜的学习环境，使教学活动在适宜的环境中开展，让学习者的情感活动参与认知活动，以激活学习者的情境思维，从而在情境思维中获得专业知识、培养学生的综合职业能力。

本书是根据机械制造领域职业岗位群职业能力培养的需求，以台式钻床中机械零件的测绘、制图与装配为主线，按照"教、学、做"一体化模式进行设计，整体结构体现了边学边做的一体化教学过程。在内容的组织上，遵循学生职业能力培养的基本规律，按照由简单到复杂、由单一到综合的规律进行设计，以真实工作任务为依据，科学设计学习型工作任务，采用新的国家标准。

全书的主要内容共分为 8 个学习情景，分别为：台式钻床的拆卸与测绘、绘制台式钻床中的平面立体工件图、绘制台式钻床中的曲面立体工件图、绘制台式钻床中的旋转工作台座、绘制台式钻床中的箱体、绘制台式钻床中带轮的零件图、绘制手柄和手柄球的零件图、台式钻床的装配。通过本课程的学习，学生可以了解台式钻床的构造；掌握点、线、面的基本投影知识，基本几何体的三视图，截交与相贯，组合体，轴测图，零件图，装配图等机械制图内容，以及零件测绘的基本知识；培养机械制图与测绘的基本技能，为日后进行零件加工打下基础。

本书由北京一轻高级技术学校的常明任主编，北京一轻高级技术学校的王琪、叶朝晖任副主编，参与编写的还有北京一轻高级技术学校的张美荣、张凤魁、刘玉娟、朱金平和徐玉龙。在本书编写过程中，参考了很多相关的著作和义献资料，在此对这些著作和义献资料的作者表示衷心的感谢。同时，也感谢北京一轻高级技术学校的大力支持和所有给予我们帮助的相关人员。

本书可以作为职业院校机械类或近机械类专业的教材，也可以作为培训机构和企业的培训教材以及相关技术人员的参考用书。

由于编者水平有限，加之时间仓促，书中批漏之处在所难免，恳请广大读者批评指正。

编　者
2013 年 3 月

目　　录

情 景 1

台式钻床的拆卸与测绘

在日常生活中经常会需要加工一些圆孔或螺纹孔，要想完成这一工作并得到较高的精度，就需要使用钻床，如台式钻床、立式钻床、摇臂钻床等。在本情景中，将以小型台式钻床为例，学习通用工具、测量工具的使用方法，并了解小型台式钻床的结构和工作原理。

任务 1.1 拆卸台式钻床

任务描述

台式钻床（简称台钻）如图 1-1 所示，其是由五部分组成，分别是主轴箱部件、旋转工作台部件、立柱部件、底座、电动机及电气部分。它通过主轴的旋转运动和轴向进给运动带动钻头完成切削工作。在本任务中，要对小型台式钻床进行拆卸，将其分解为单个零件，以便于在本书以后的任务中能够根据零件的实物测绘出其所有尺寸，完成主要零件的零件图绘制及机械制图知识的学习，并最终完成小型台式钻床的装配、试车和验收。

图 1-1 台式钻床

知识目标

（1）了解机床拆卸前准备工作的内容。
（2）掌握拆卸工作的基本要求和常用方法。
（3）掌握台式钻床拆卸的方法和要求。

能力目标

（1）能够正确使用常用工具并采用正确的方法进行台式钻床的拆卸。

（2）能够遵守安全操作规程。

（3）能够文明操作。

任务分析

1. 拆卸的准备

结合小型台钻，学习机床拆卸的基本知识和方法，为机床的实际拆卸打下基础。

2. 拆卸小型台钻

根据所学的拆卸基本知识和方法，使用常用的拆卸工具，进行小型台钻的拆卸。

任务实施

该任务的实施操作包括以下几个部分。

（1）拆卸前的准备工作：

① 熟悉小型台钻的相关资料，了解小型台钻的结构和各零件间的作用以及相互关系；

② 确定拆卸方法、顺序和需要使用的拆卸工具；

③ 准备拆卸工作场地。

（2）拆卸工作阶段。拆卸工作通常分为部件拆卸和零件拆卸。部件拆卸是将部件从机床上整体地拆卸下来的过程；而零件拆卸则是将单个零件从机床或部件上顺序拆卸下来的过程。

（3）拆卸的原则为"先外后内、先上后下"。

（4）电机和带轮的拆卸步骤：

① 松开电气开关上的螺钉，将电气开关及电源线拆下；

② 拆下皮带；

③ 松开电机上带轮紧定螺钉，拆下电机上的带轮；

④ 松开主轴上的紧固螺母，拆下带轮；

⑤ 松开防护罩箱内的紧固螺钉，将防护罩拆下；

⑥ 松开固定电机的螺钉和带轮调整螺钉，拆下电机。

（5）主轴箱的拆卸步骤：

① 松开弹簧盖上的双螺母；

② 反向松开弹簧盖并卸下；

③ 轻轻敲击齿轮轴，卸下齿轮轴组件；

④ 松开深度标尺下面的紧定螺母，卸下深度标尺组件；

⑤ 松开并卸下齿条套筒的限位螺钉；

⑥ 轻轻敲击主轴，将齿条套筒部件拆下。

（6）各部件的拆卸步骤如下。

① 花键套部件的拆卸步骤：

- 用专用工具拆下限位卡子；

- 拆下花键套。

② 齿条套筒部件的拆卸步骤：

* 卸下橡胶垫；
* 卸下套筒两端轴承。

③ 齿轮轴部件的拆卸步骤：

* 卸下手柄；
* 卸下手柄座。

④ 箱体的拆卸：将箱体与立柱的紧定螺钉松开，卸下箱体。

⑤ 旋转工作台部件的拆卸：

* 松开旋转工作台与立柱的锁紧手柄，卸下旋转工作台部件；
* 卸下工作台与旋转工作台座的螺钉，卸下工作台。

⑥ 立柱的拆卸：松开立柱与底座的连接螺钉，卸下立柱。

相关知识

1. 常用拆卸工具

常用的拆卸工具有：扳手类、旋具类、拉出器、手锤、铜棒、衬垫、弹簧挡圈钳等。如图 1-2 所示。

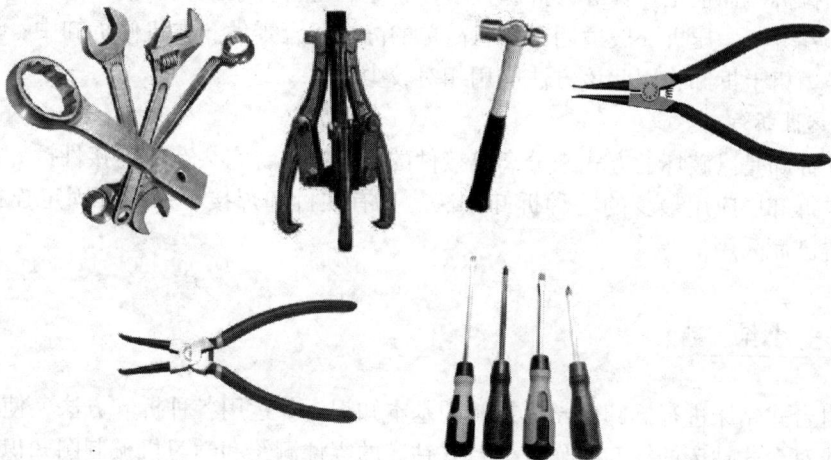

图 1-2　常用拆卸工具

2. 常用拆卸方法

机床中的连接机构可以分为可拆连接和不可拆连接。例如，螺栓、键、销、轴承等就属于可拆连接，而焊接、铆接、粘接等就属于不可拆连接。要完成对不同连接机构的拆卸需要采取不同的拆卸方法。例如，对可拆连接可以用击拆、拉拆、压拆等方法进行拆卸，而对不可拆连接就需要用破坏性的方法进行拆卸。

1）击拆

击拆是利用手锤或其他重物（如铜棒）的冲击能量，把零件拆卸下来的方法。此方法是普通机床拆卸工作中最常用的一种方法。

（1）击拆的特点：击拆具有适用场合广泛、拆卸工具简单、操作灵活方便、不需要特殊工具与设备等优点，但是此种方法拆卸后零件容易受到损伤或破坏。

（2）击拆的类型：击拆大致分为利用手锤冲击拆卸、利用零件自重冲击拆卸、利用其他重物冲击拆卸三类。

（3）击拆的注意事项（以利用手锤冲击拆卸为例）：

① 要根据需拆卸件的尺寸大小、质量和拆卸件结合的牢固程度，选择大小适当的手锤并需注意用力的大小；

② 要对拆卸件采取适当的保护措施，通常用铜棒、木棒及木板等保护拆卸件覆盖手锤冲击的表面；

③ 要注意安全，需进行必要的身体防护。

2）拉拆

拉拆是使用专用拉具（如拉出器）把零件拆卸下来的一种静力拆卸方法。拉拆具有拆卸件不受冲击力，拆卸比较安全，拆卸件不易被破坏的优点，但拉拆需要制作专用拉具，因此会增加拆卸工作的成本。

拉拆是拆卸工作中常用的方法之一，尤其适用于精度较高，不许敲击的零件和无法敲击的零件。

3）压拆

压拆同拉拆一样也是一种静力拆卸方法，它是利用各种手压机、油压机的压力将拆卸件与机床或部件分离。压拆一般适用于形状简单的静止配合零件。在机修拆卸中，许多拆卸件都不能在压力机上拆卸，因此该方法应用相对较少。

4）破坏性拆卸

破坏性拆卸是以破坏的方式来分离连接件的拆卸方法，它会造成连接件拆卸后无法继续使用，它是拆卸中应用最少的一种拆卸方法。只有在拆卸焊接、铆接等固定连接件的情况下，才不得已而采用。

任务小结

通过对台式钻床进行拆卸，学习拆卸的基本知识，并运用各种拆卸方法，使用各种拆卸工具，完成对台式钻床的拆卸工作，为台式钻床的零件测绘和学习机械制图知识进行必要的准备。

思考与练习

1. 简述常用拆卸方法及特点。
2. 拆卸过程是什么？
3. 完成拆卸台式钻床的操作报告。

学习评价

任务名称	拆卸台式钻床					
学习小组		组长		班级		日期
组员						
序号	评价内容		学生自评		小组评价	
知识目标	了解机床拆卸前准备工作的内容					
	掌握拆卸工作的基本要求和常用方法					
能力目标	能够正确使用常用工具并采用正确的方法进行零件的拆卸					
职业行为	观察、分析、交流、评价、合作的能力					
教师综合评价						

任务1.2 认识常用测量工具

任务描述

量具是用来测量、检验零件及产品尺寸和形状的工具。如图1-3所示的游标卡尺和百分表是我们在日常工作中经常使用的量具。为了保证零件和产品的质量，就必须用量具来进行测量，因此正确地使用各种量具就成为保证产品合格的关键。在本任务中，将学习各种量具的读数方法和使用方法。

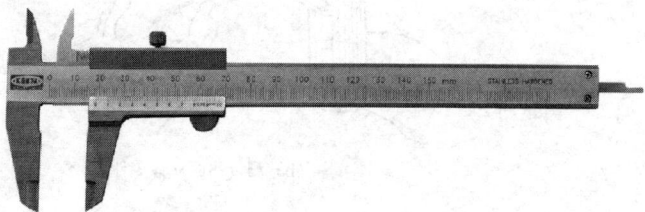

（a）游标卡尺　　　　　　　　　　（b）百分表

图1-3 游标卡尺和百分表

知识目标

（1）了解量具的基本知识。
（2）掌握游标卡尺、直角尺、百分表、螺纹量规、塞尺等量具的读数原理。

能力目标

（1）能够正确地使用测量工具对小型台钻的主要零件进行测量。
（2）能安全文明操作。

任务分析

1. 量具的读数

结合小型台钻的主要零件，学习各种量具的读数方法，为测绘零件打下基础。

2. 量具的使用

根据零件的特点和量具的读数方法，掌握量具的使用方法，对小型台钻的主要零件进行具体测绘。

任务实施

1. 利用游标卡尺测量平面立体和曲面立体零件

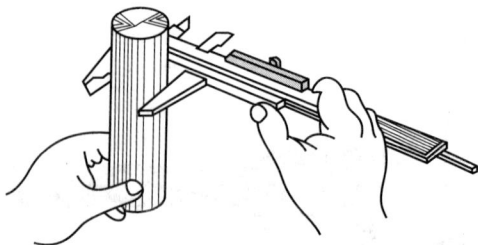

在测量平面立体零件（如台式钻床工作台）时，两量爪要与零件表面贴实，如图1-4（a）所示；而测量曲面立体零件（如台式钻床立柱）时，两量爪与零件的角度必须符合相关规范，如图1-4（b）所示。

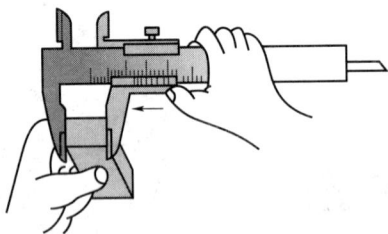

（a）测量平面立体零件　　　　　　　　　（b）测量曲面立体零件

图1-4　游标卡尺测量平面立体和曲面立体零件

2. 利用直角尺和塞尺（厚薄规）测量零件的垂直度

在测量零件的垂直度时，要使直角尺的尺座贴实基准面，直角尺的尺苗与零件的被测表面接触，再利用塞尺（厚薄规）插入尺苗与零件被测表面之间，以塞尺（厚薄规）的厚度值来确定垂直度的数值，如图1－5所示。

3. 利用百分表测量零件的圆跳动

如果要测量台阶轴零件ϕd圆柱面对台阶轴轴线的径向圆跳动误差，可采用图1－6所示方式。测量时台阶轴零件安装在两同轴顶尖之间，在台阶轴零件回转一周过程中，指示表读数的最大差值即为ϕd圆柱面上该测量截面的径向圆跳动误差。按上述方法测量若干ϕd圆柱面的截面，取各截面测得的跳动量的最大值作为台阶轴零件ϕd圆柱面的径向圆跳动值。

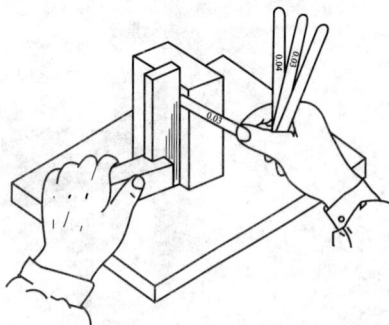

图1－5　用直角尺和塞尺（厚薄规）测量零件的垂直度

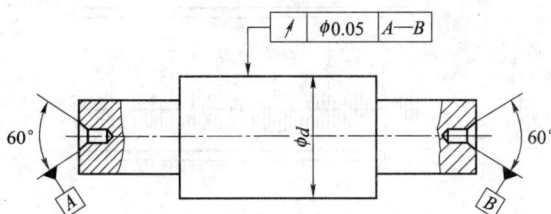

图1－6　用百分表测量圆跳动

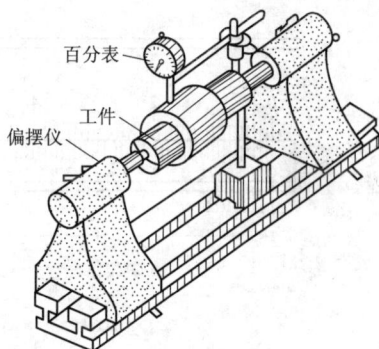

![相关知识]

量具的种类有很多，根据其用途和特点，可分为如下几类。

（1）万能量具：可以通过量具上的刻度直接测量出零件和产品的形状及尺寸。

（2）专用量具：只能测定出零件和产品的形状及尺寸是否合格。

（3）标准量具：用来校对和调整其他量具的量具。

1. 游标卡尺

游标卡尺是一种中等精度的万能量具，它可以直接量出零件的外径、内径、长度、宽度、深度和孔距等尺寸。

1）游标卡尺的结构

如图1－7所示，游标卡尺由尺身、游标等部分组成。其中，上端两内测量爪可测量零件的孔径、孔距及槽宽，下端两外测量爪可测量零件的外圆和长度，还可用深度尺测量零件的内孔和沟槽的深度。

2）1/50 mm游标卡尺的刻线原理和读数方法

（1）刻线原理：尺身上每小格的长度为1 mm，当两量爪合并时，游标上50格刚好与尺身上的49 mm对正，如图1－8（a）所示。尺身与游标每格的长度之差为：$1 - 49/50 = 0.02$（mm）。此差值即为1/50 mm游标卡尺的测量精度。

（2）读数方法：如图1－8（b）所示。

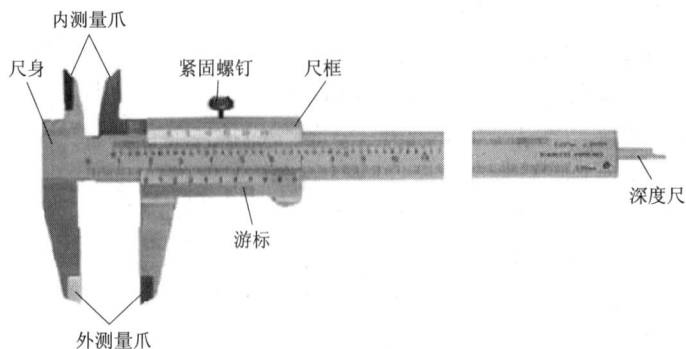

图 1-7　游标卡尺的结构

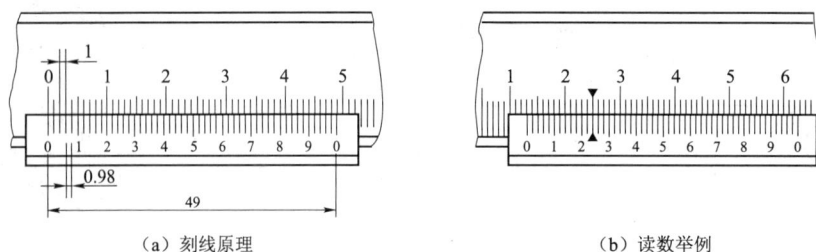

（a）刻线原理　　　　　　　　　　（b）读数举例

图 1-8　游标卡尺的刻线原理和读数方法

① 读出游标上零线左侧尺身上的数值，假如为 13 mm。

② 读出游标上与尺身对齐的刻线的数值（每格算 0.02 mm），如图中为 0.24 mm。

③ 把尺身和游标上的数值相加即为测得尺寸，即 13 + 0.24 = 13.24（mm）。

3）游标卡尺的使用方法

先将尺身上的测量爪贴靠在零件表面的一侧，然后移动游标，使游标上的测量爪贴靠在零件表面的另一侧，拧紧紧固螺钉，读出读数。

如图 1-9 所示为测量圆柱形零件（如台式钻床立柱）的直径、内径和深度尺寸时卡尺的使用方法。

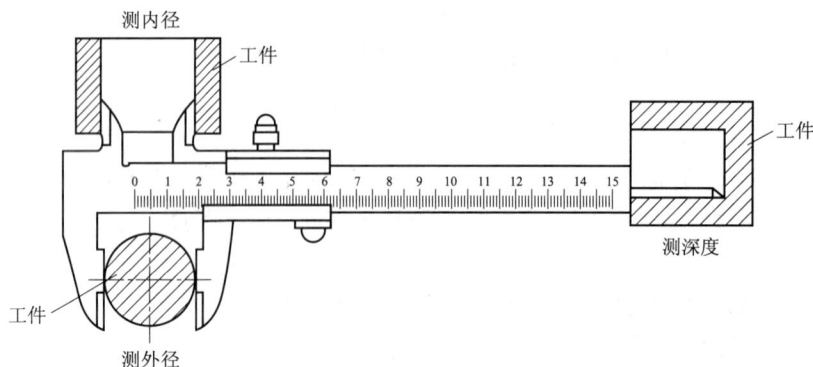

图 1-9　游标卡尺的使用方法

2. 直角尺

直角尺是用来检测直角和垂直度误差的定值量具。其制造精度有00级、0级、1级和2级四个精度等级，00级的精度最高。

直角尺由尺座、尺苗两部分构成，如图1-10所示。

先将直角尺尺座的测量面紧贴零件的基准面，然后逐步地轻轻移动，使直角尺尺苗的测量面与零件的被测表面接触，眼光平视观察其透光情况，以此来判断零件被测面与基准面是否垂直。

3. 百分表

百分表可用来检验机床的精度和测量零件的尺寸、形状和位置误差。

1）百分表的结构

百分表的结构如图1-11所示，当带有齿条的测量杆上下移动时，带动与齿条啮合的小齿轮转动，此时与小齿轮同轴的大齿轮（2）也随着转动，通过大齿轮（2）即可带动中间齿轮及与中间齿轮同轴的指针转动。这样可将测量杆的位移转变为指针的转动，并在刻度盘上指示出相应的示值。

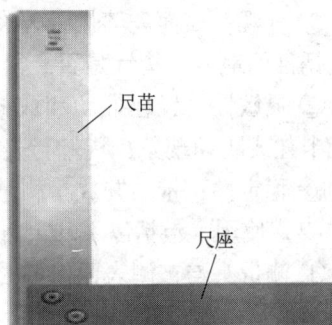

图1-10　直角尺

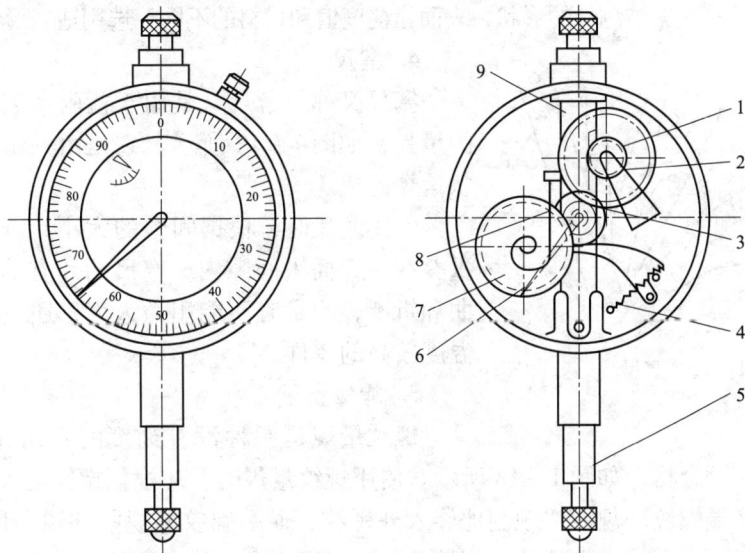

图1-11　百分表

1—小齿轮；2、7—大齿轮；3—中间齿轮；4—弹簧；
5—测量杆；6—指针；8—游丝；9—齿条

2）百分表的读数原理

百分表的测量杆上的齿条和16齿齿轮（小齿轮）的周节均为0.625 mm，当测量杆上升16齿（$0.625 \times 16 = 10$ mm）时，16齿齿轮（小齿轮）和与之同轴的100齿齿轮（大齿轮）转一周，带动10齿齿轮（中间齿轮）和长指针转10周。即测量杆上升1 mm时，指针转1周。由于表盘上共刻100格，所以长指针每转1格表示测量杆移动0.01 mm。

3）百分表的使用方法

百分表的操作主要包括检查和使用两个方面。

（1）检查，包括以下几个方面。

① 外观：表面玻璃是否破裂或脱落；后盖是否封密；测量头、测量杆、套筒是否有碰伤或锈蚀的地方；指针是否有松动现象等。

② 灵敏性：轻轻推动和放松测量杆时，检查测量杆在套筒内的移动是否平稳、灵活；有无卡住或跳动现象；指针与表盘有无摩擦现象，指针摆动是否平稳等。

③ 稳定性：推动并放松测量杆，检查指针是否回到原位。

（2）使用，包括以下几个方面。

① 测量头与被测表面接触时，测量杆应预先有 0.3~1 mm 的压缩量，以保持初始测力，提高示值的稳定性。

② 为了读数方便，测量前可把百分表的指针指到表盘的零位。

③ 测量平面时，测量杆要与被测表面垂直。测量圆柱形零件时，测量杆的轴线应与零件直径方向一致，并垂直于零件轴线。

④ 百分表必须可靠地固定在表架或其他支架上。

⑤ 毛坯表面或有显著凸凹的表面，不宜使用百分表测量。

⑥ 必要时，可根据被测件的形状、表面粗糙度值和材料的不同，选用适当形状的测量头。

4. 塞尺

塞尺又称厚薄规，是用于检验两表面间缝隙大小的量具，如图 1-12 所示。它是由一组厚度不等的片状量规组成。

使用塞尺时，根据间隙的大小，可用一片或数片重叠在一起插入间隙内。塞尺的片有的很薄，容易弯曲和折断，测量时不能用力太大，还应注意不能测量温度较高的零件。

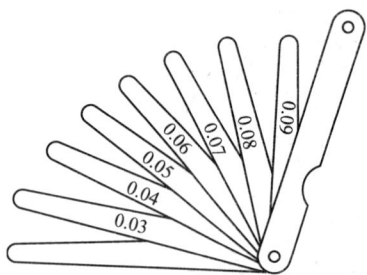

图 1-12 塞尺

5. 螺纹量规

螺纹量规是一种没有刻度的专用计量螺纹器具，用于检验螺纹是否合格，如图 1-13 所示。使用螺纹量规时，应根据螺纹的大小，选用适合的螺纹量规。通端螺纹环规能够顺利地旋入外螺纹，通端螺纹塞规能够顺利地旋入内螺纹；止端螺纹环规不应完全旋入外螺纹，止端螺纹塞规不应完全旋入内螺纹即为合格。

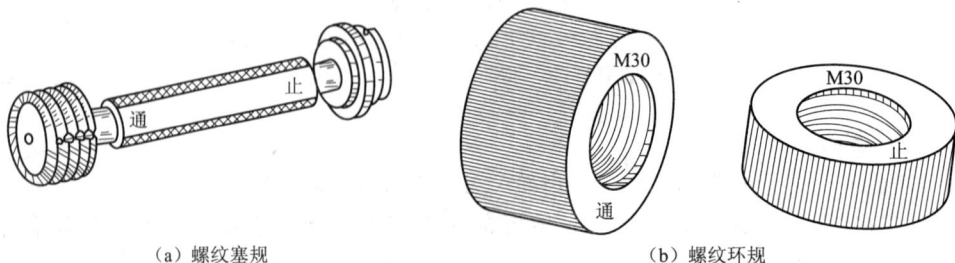

（a）螺纹塞规　　　　　　　　　　　（b）螺纹环规

图 1-13 螺纹量规

任务小结

通过对测量用各种量具的刻线原理和使用方法的学习，使学生能够合理地运用和使用量具完成对零件的测量。

思考与练习

1. 简述游标卡尺、直角尺、百分表、螺纹量规、塞尺的读数原理。

2. 完成台式钻床工作台的尺寸测量、主轴与工作台上表面的垂直度测量、主轴圆跳动测量报告。

学习评价

任务名称		认识常用测量工具				
学习小组		组长		班级		日期
组员						
序号	评价内容		学生自评		小组评价	
知识目标	了解量具的基本知识					
	掌握游标卡尺、直角尺、百分表、螺纹量规、塞尺等的读数原理					
能力目标	能够正确使用测量工具对小型台钻零件进行测量					
职业行为	观察、分析、交流、评价、合作的能力					
教师综合评价						

情 景 2

绘制台式钻床中的平面立体工件图

由几个平面围成的立体称平面立体，常见的平面立体有棱柱、棱锥等。平面立体工件图的绘制可归结为绘制其各个表面的投影图，由于平面立体投影后的图形由直线段组成，而每条线段可由其两端点确定，因此平面立体的投影，又可归结为绘制其各棱线及各顶点的投影。在本情景中，将以旋转工作台为例，学习制图的基本知识，完成旋转工作台零件图的测绘和制图，并通过绘制旋转工作台连接板和底座的零件图，对所学的机械制图的基本知识进行巩固和提高。

任务 2.1   测绘旋转工作台

任务描述

小型台钻的工作台通过一些零件连接在钻床的立柱上，工作台可作升降和旋转运动，所以也称为旋转工作台，如图 2－1 所示。为了满足钻孔的需要，旋转工作台可作沿立柱的升降运动，也可绕立柱作旋转运动，以满足加工孔所需的工作位置。旋转工作台的基本形状为一长方体，上有一个圆孔和两个矩形沟槽。利用它们可以穿过螺栓将工件或将夹持工件的虎钳固定在工作台面上，也可以透过钻头进行通孔加工。本任务中，将利用旋转工作台的实物测绘出它的所有尺寸，以便于在下面的任务中，完成旋转工作台零件图的绘制。

图 2－1　旋转工作台

知识目标

（1）掌握三视图的基本知识。
（2）掌握平面立体工件零件测绘的方法和步骤。
（3）掌握机械制图国家标准中有关图线的形式和字体的相关规定。

能力目标

（1）能够正确运用零件测绘的方法和步骤，进行平面立体零件的具体测绘。
（2）能够根据机械制图国家标准的要求，使用规定的字体完成测绘图。

任务分析

结合旋转工作台的形状，根据本任务所讲解的视图知识，看懂旋转工作台的三视图。根据旋转工作台实物和三视图，使用测量工具，运用测绘方法进行旋转工作台的实际测绘，并将测绘结果标注在视图上。

任务实施

1. 对照实物看三视图

旋转工作台的三视图中，需注意以下三个方面。

（1）旋转工作台的基本形状——长方体。长方体的三视图如图2-2所示，主视图表达了长方体的前面、后面的真实形状，俯视图表达了长方体的上面、下面的真实形状，左视图表达了长方体的左面、右面的真实形状。

（2）矩形沟槽。旋转工作台上有两条带圆头的矩形沟槽，可由俯视图上两端带圆头的矩形和主视图和左视图中的虚线来表达矩形沟槽的三视图，如图2-3所示。

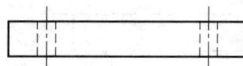

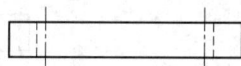

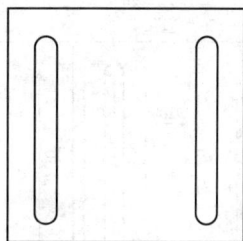

图2-2　长方体的三视图　　　　　　图2-3　矩形沟槽的三视图

（3）圆孔。旋转工作台上除了有两条带圆头的矩形沟槽，还有一个圆孔。圆孔用俯视图上的圆形结合主视图和左视图中的虚线反映圆孔的具体形状，如图2-4所示。

将上述各点以及为减轻重量在旋转工作台下面开出的沟槽进行综合考虑，即可得到旋转工作台的三视图，如图2-5所示。

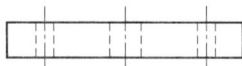

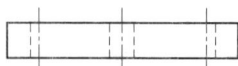

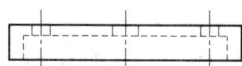

图 2 - 4　圆孔的三视图　　　　　　　图 2 - 5　旋转工作台的三视图

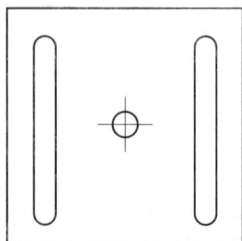

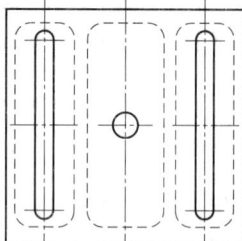

2. 选择零件测绘工具

旋转工作台是由整体铸造后，经过必要的切削加工而成，所以测量工具采用游标卡尺。

3. 测绘方法和步骤

对旋转工作台的实物进行测绘并将测绘得出的相关尺寸填入旋转工作台的三视图。

（1）测量旋转工作台各个形体的形状尺寸，如图 2 - 6 所示。

所谓形状尺寸就是确定各形体形状和大小的尺寸。

① 用外端测量爪测量长方体的形状尺寸 165 mm、160 mm、23 mm 三个尺寸。

② 用内端测量爪测量矩形沟槽的形状尺寸 130 mm、14 mm 两个尺寸。

③ 用内端测量爪测量圆孔的形状尺寸 ϕ20 mm。

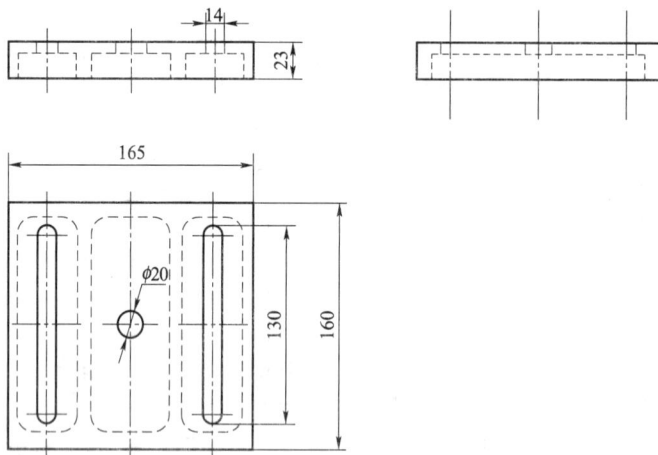

图 2 - 6　测量旋转工作台的形状尺寸

（2）测量旋转工作台各个形体间的相互位置尺寸，如图 2 - 7 所示。所谓相互位置尺寸就是确定各形体之间相对位置的尺寸。

① 用外端测量爪测量矩形沟槽的内沿尺寸 98 mm。

② 用内端测量爪测量矩形沟槽的外沿尺寸 126 mm。

（3）将所有测绘结果标注在旋转工作台的测绘图上，如图 2 - 8 所示。

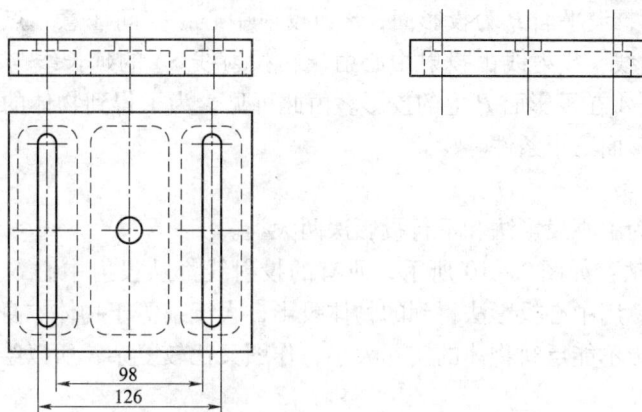

图 2 - 7 测量旋转工作台的相互位置尺寸

① 计算两条矩形沟槽的中心尺寸：

$$(98 + 126) \, \text{mm} \div 2 = 112 \, \text{mm}$$

② 计算矩形沟槽两端圆头的中心尺寸：

$$130 \, \text{mm} - (126 - 98) \, \text{mm} \div 2 = 116 \, \text{mm}$$

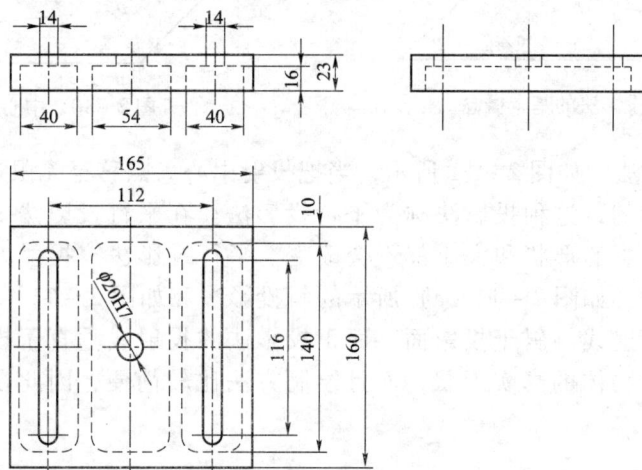

图 2 - 8 旋转工作台的测量结果

（4）在使用游标卡尺时，要注意正确的使用方法和使用注意事项。

相关知识

1. 投影法

1）投影法的基本概念

在日常生活中，利用灯光或日光的光线将物体的形状投射到平面上，在平面上得到的影子就称为物体的投影，光源中心或太阳就称为投影中心，灯光或日光的光线称为投射线，平面称为投影面。

如图2-9所示，设平面 P 为投影面，S 为投射中心，空间任意一点 A 与投射中心点 S 的连线 SA 称为投射线，投射线由投射中心射出，投射线 SA 的延长线与投影面相交于一点 a，点 a 称为空间点 A 在投影面 P 上的投影。由此可见，为了得到物体的投影必须具有投射线、空间物体和投影面三个条件。

2）投影法的分类

投影法一般分为中心投影法和平行投影法两大类。

（1）中心投影法：如图2-10所示，所有的投射线都从投射中心 S 点发出，这种投影法称为中心投影法。用中心投影法得到的物体投影，大于或等于物体本身。一般情况下，中心投影法得到的投影不能反映物体的实际大小，作图又比较复杂，所以绘制机械图样时一般不采用中心投影法。

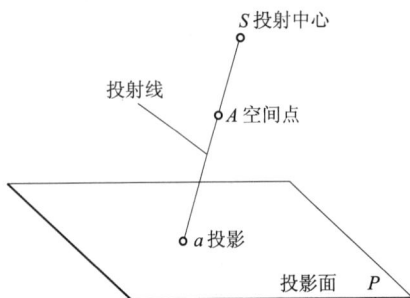

图2-9 投影法的基本概念

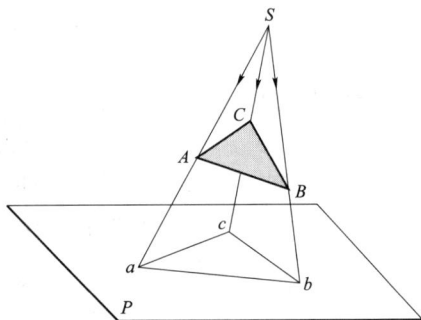

图2-10 中心投影法

（2）平行投影法：如图2-11所示，当把投射中心 S 点移至无限远处时，投射线可以看作是互相平行的，这种投影法称为平行投影法。在平行投影法中，当平行移动空间物体时，它的投影的形状和大小都不会改变。平行投影法按投射方向与投影面是否垂直又可分为两种：如图2-11（a）所示的斜投影法和如图2-11（b）所示的正投影法。斜投影法的投射线倾斜于投影面，而正投影法的投射线垂直于投影面。由于正投影法不仅能够表达物体的真实形状，而且绘制方法比较简便，因此在机械图样的绘制上获得普遍应用。

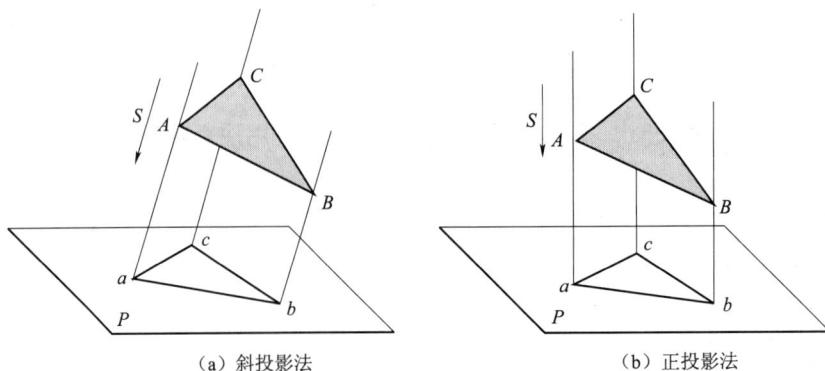

（a）斜投影法

（b）正投影法

图2-11 平行投影法

3）正投影法的特性

正投影法的特性有以下几条。

（1）实形性。当物体上的平面图形（或棱线）与投影面平行时，其投影反映实形（或实长）。

（2）积聚性。当物体上的平面图形（或棱线）与投影面垂直时，其投影积聚为一条直线（或一个点）。

（3）类似性。当物体上的平面图形（或棱线）与投影面倾斜时，其投影与原形状类似，但平面图形变小了，线段变短了。

2. 三视图

1）三视图的形成

在绘制机械图样时，需要建立由三个相互垂直的投影面组成的三投影面体系，如图 2－12 所示。这三个投影面的名称分别是：正投影面（V）、水平投影面（H）、侧投影面（W）。其两两投影面的交线分别是：OX 轴、OY 轴、OZ 轴。三个投影轴的交点为原点 O。

现将物体放置于三投影面体系中，按正投影的方法分别向三个投影面作垂线进行投影，所得的图形称为视图，如图 2－13（a）所示。

从物体的前面向后看，即向正投影面进行投影得到的视图称为主视图；

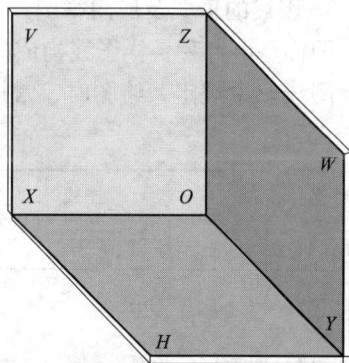

图 2－12　三投影面体系

从物体的上面向下看，即向水平投影面进行投影得到的视图称为俯视图；

从物体的左面向右看，即向侧投影面进行投影得到的视图称为左视图。

将三个视图面按照图 2－13（b）中箭头的方向展平到一个平面内，并调整三个视图的相对位置，即得到物体的三视图，如图 2－13（c）所示。三视图是物体六个基本视图中的三个。

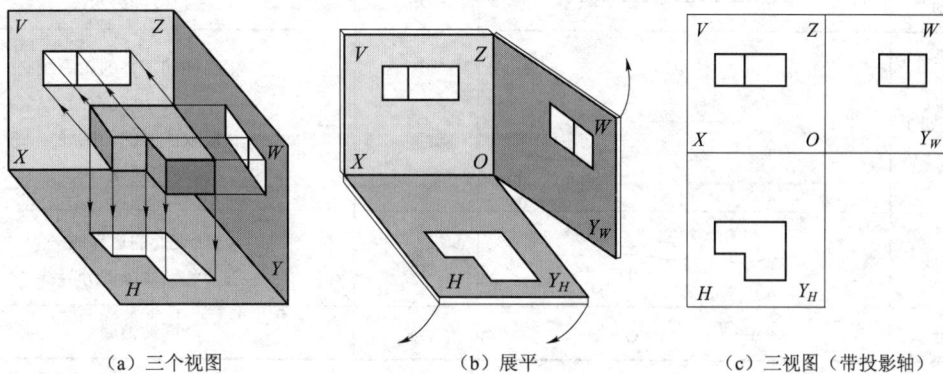

（a）三个视图　　　　　　　（b）展平　　　　　　　（c）三视图（带投影轴）

图 2－13　三视图的作图过程

在机械图样上，视图主要用来表达物体的形状，没有必要表达物体与投影面间的距离，

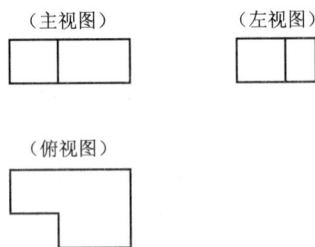

（主视图）　　　　（左视图）

（俯视图）

图 2-14　三视图

因此不必画出投影轴，如图 2-14 所示。

2）三视图的投影规律

由于物体的主视图反映了其长度和高度方向的尺寸；俯视图反映了其宽度和长度方向的尺寸；左视图反映了其高度和宽度方向的尺寸。即三个视图存在如下规律：

主、俯视图反映了物体同一长度，且对正——长对正；

主、左视图反映了物体同一高度，且平齐——高平齐；

俯、左视图反映了物体同一宽度，且相等——宽相等。

"长对正、高平齐、宽相等"反映了三个视图的内在联系，不仅物体的总体上要符合上述规律，物体上的每一个形体、平面、直线、点也都要遵从这一规律。

3. 图线的形式及应用举例

图样是由各种各样图线构成的，根据国家标准 GB/T 4457.4—2002《机械制图　图样画法　图线》中规定，绘图时，常用的图线有 9 种，其规定如表 2-1 所示。

表 2-1　常用图线表

图线名称	图线形式	图线宽度	一般应用举例
粗实线	——————	粗	可见轮廓线
细实线	——————	细	尺寸线及尺寸界线 剖面线 重合断面的轮廓线 过渡线
细虚线	- - - - - - -	细	不可见轮廓线
粗虚线	- - - - - - -	粗	允许表面处理的表示线
细点划线	—·—·—·—	细	轴线 对称中心线
粗点划线	—·—·—·—	粗	限定范围表示线
细双点划线	—··—··—··	细	相邻辅助零件的轮廓线 轨迹线 极限位置的轮廓线 中断线
波浪线	∿∿∿	细	断裂处的边界线 视图和剖视图的分界线
双折线	—/\/\—	细	同波浪线

图线的应用举例，如图 2-15 所示。

4. 尺寸标注方法

在图样中，除了要表达物体的结构形状以外，还需要标注尺寸，以确定物体的大小。国

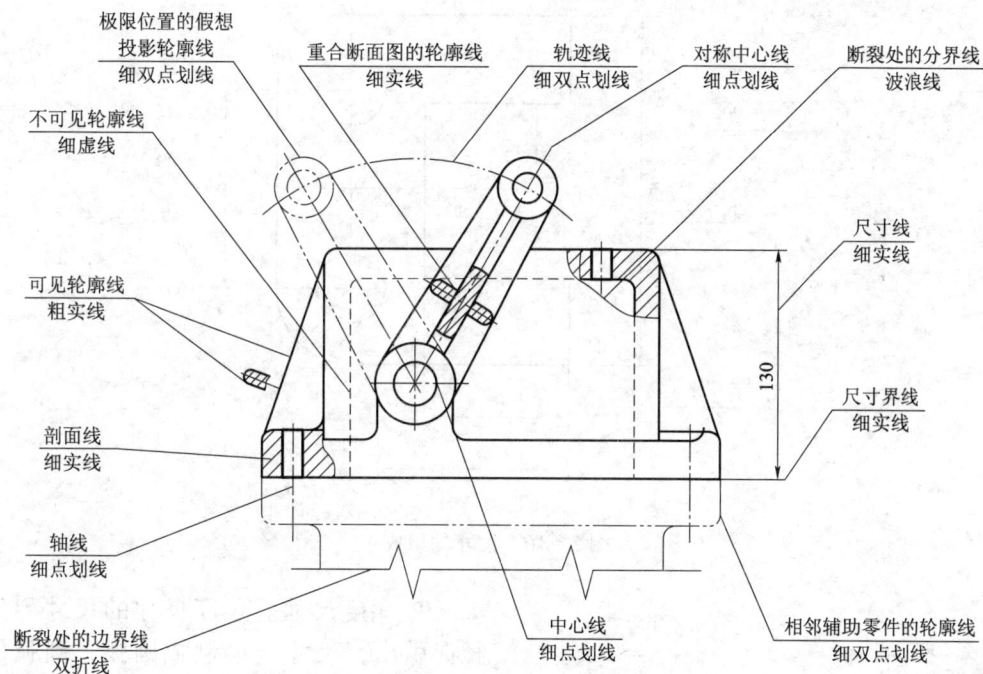

图 2 – 15　图线的应用举例

家标准中对尺寸标注的基本方法有统一规定，绘图时必须严格遵守。

1）基本原则

尺寸标注的基本原则有以下几条。

（1）图样中所标注的尺寸为物体的实际尺寸，与图样比例无关，与绘图的准确性也无关。

（2）图样中的尺寸以毫米为单位时，不需要标注计量单位的符号或名称。如果采用其他单位，则必须注明计量单位的符号或名称。

（3）图样中的尺寸为物体的最终加工尺寸，否则应加以说明。

（4）物体中的同一尺寸，一般只标注一次，并应标注在反映该物体结构最清晰的图样上。

2）尺寸的组成

图样中一个完整的尺寸一般由尺寸线、尺寸界线、尺寸数字和尺寸线终端（箭头或斜线）四部分组成，如图 2 – 16 所示。

（1）尺寸数字。尺寸数字表示物体的实际尺寸大小。一般注写在尺寸线的上方，也允许注写在尺寸线的中断处。尺寸数字可分为以下几种。

① 线性尺寸。

在注写线性尺寸数字时，若尺寸线为水平方向，则尺寸数字规定由左向右书写，字头向上；若尺寸线为竖直方向，则尺寸数字由下向上书写，字头朝左；在倾斜的尺寸线上注写尺寸数字时，必须使字头方向有向上的趋势。线性尺寸的标注如图 2 – 17 所示。

当尺寸线与垂线的夹角成30°范围内时，可采用引出线的形式标注，但需注意的是在同一张图样中标注形式要统一。

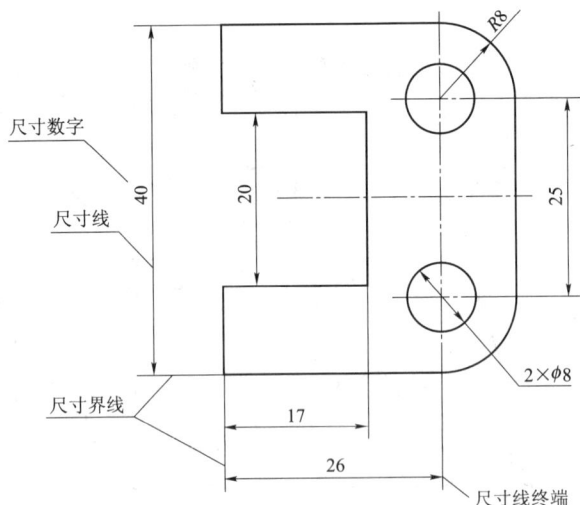

图 2-16 尺寸的组成

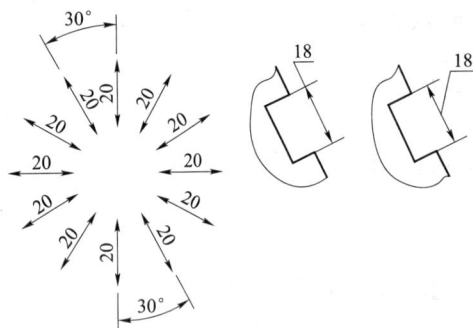

图 2-17 线性尺寸标注

② 角度尺寸。角度尺寸的尺寸界线按径向引出，尺寸线绘制成圆弧，圆弧的中心是角的定点。角度尺寸的尺寸数字一律水平书写，字头向上。一般注写在尺寸线的中断处，也可标注在在尺寸线的上方、外面或引出标注。角度尺寸的标注如图 2-18 所示。

③ 圆及圆弧。在标注圆的直径时，应在尺寸数字前加注符号"φ"，尺寸线的终端应绘制成箭头，大于半圆的圆弧应标注直径。圆及圆弧尺寸的标注如图 2-19 所示。

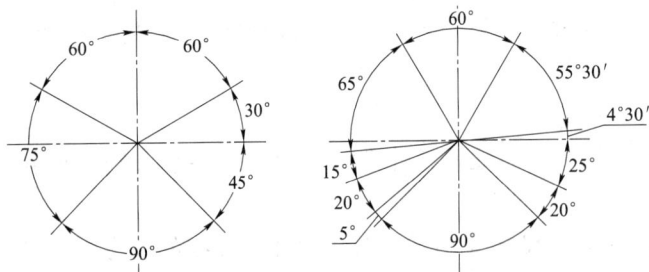

图 2-18 角度尺寸标注

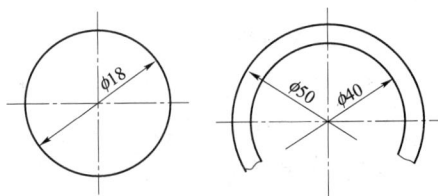

图 2-19 圆及圆弧尺寸标注

如图 2-20 所示，在标注圆弧的半径时，应在尺寸数字前加注符号"R"，且尺寸线一般应通过圆弧的中心。

当圆弧的半径过大，或在图纸范围内无法标出其圆弧中心位置时，可将尺寸线画成折线形式（只折一次），如图 2-21（a）所示，若不需要标出圆弧中心位置，可按图 2-21（b）所示的形式标注。

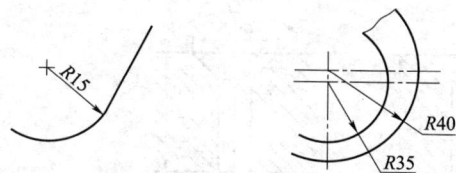

图 2 - 20 圆弧尺寸标注（一）

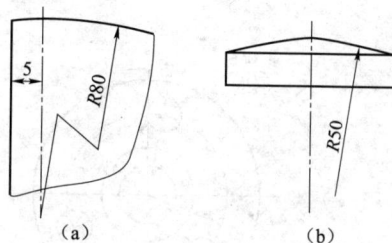

图 2 - 21 圆弧尺寸标注（二）

④ 小尺寸。在标注小尺寸时，由于没有足够的空间，因此箭头可绘制在外面，或用小圆点代替箭头，尺寸数字也可写在图形外面或引出标注，如图 2 - 22 所示。

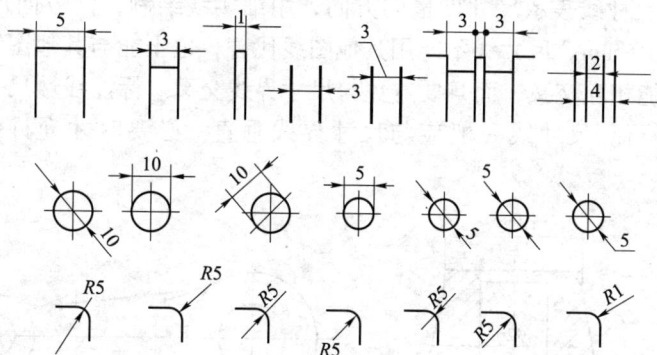

图 2 - 22 小尺寸标注

⑤ 球面。在标注球面的直径或半径时，应在符号"ϕ"或"R"前再加注符号"S"，如图 2 - 23 所示。

⑥ 板状零件厚度的注法。当仅用一个视图表示板状零件，且厚度全部相同时，其厚度标注可在尺寸数字前加注符号"δ"，如图 2 - 24 所示。

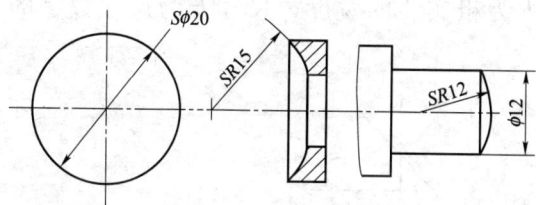

图 2 - 23 球面尺寸标注

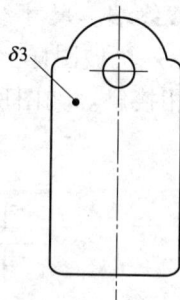

图 2 - 24 板状零件厚度尺寸标注

⑦ 尺寸数字不可被任何图线所通过，如图 2 - 25 所示。

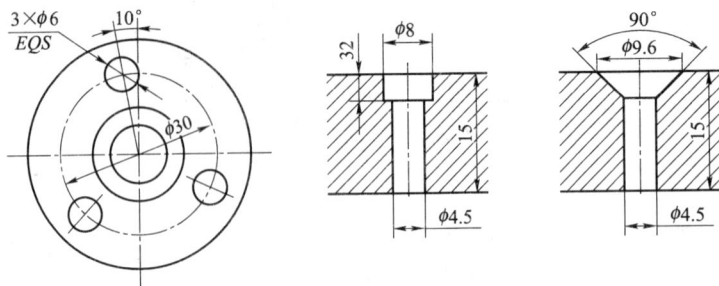

图 2 - 25　尺寸数字不可被任何图线所通过

（2）尺寸线。尺寸线表示尺寸度量的方向，用细实线绘制，同方向尺寸线之间距离应均匀，间隔为 7 ～ 10 mm。尺寸线不能用其他图线代替，也不能与其他图线重合或画在其延长线上。尺寸线不能相互交叉，而且要避免与尺寸界线交叉。标注线性尺寸时，尺寸线必须与所标注的线段平行。尺寸线一般应与尺寸界线垂直，必要时才允许倾斜，如图 2 - 26 所示。

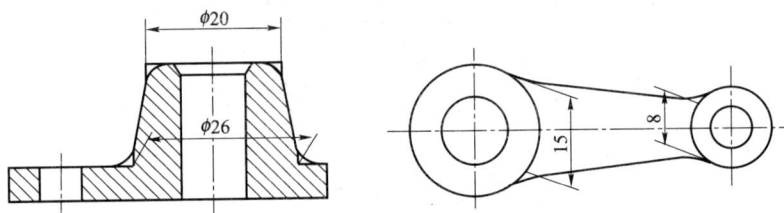

图 2 - 26　尺寸线的画法

（3）尺寸界线。尺寸界线表示尺寸的起止范围，用细实线绘制，并应自图形的轮廓线、轴线及对称中心线引出或由它们代替。尺寸界线一般与尺寸线垂直，且长度要超出尺寸线 2 ～ 5 mm。

（4）尺寸线终端。尺寸线的终端可以是箭头和斜线两种形式，如图 2 - 27（a），2 - 27（b）所示。机械图样上的尺寸线终端一般画成箭头，以表明尺寸的起止，其尖端应与尺寸界线相接触。如图所示。图中尺寸 b 为粗实线的宽度，尺寸 h 为尺寸数字的高度。

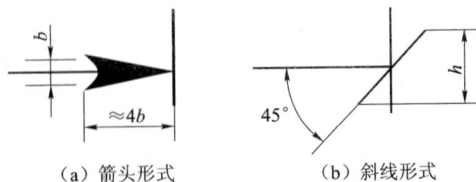

（a）箭头形式　　　　（b）斜线形式

图 2 - 27　尺寸线终端的画法

学习评价

任务名称		测绘旋转工作台					
学习小组		组长		班级		日期	
组员							
序号	评价内容			学生自评		小组评价	
知识目标	掌握三视图的基本知识						
	掌握平面立体工件零件测绘的方法和步骤						
	掌握机械制图国家标准中有关图线的形式和字体的相关规定						
能力目标	能够正确运用零件测绘的方法和步骤，进行平面立体零件的具体测绘						
	能够根据机械制图国家标准的要求，使用规定的字体完成测绘图						
职业行为	观察、分析、交流、评价、合作的能力						
教师综合评价							

任务小结

　　通过对旋转工作台进行测绘并完成测绘填图，学习投影法、三视图、图线形式、尺寸标注方法等制图知识以及测绘的方法。

任务 2.2　绘制旋转工作台的零件图

任务描述

　　本任务中，要利用旋转工作台的实物和任务 2.1 中完成的旋转工作台测绘图，完成旋转工作台零件图的绘制。

知识目标

（1）掌握平面立体三视图、平面截切平面立体基本知识。

（2）掌握零件图图纸以及零件图包含的内容的相关机械制图国家标准。

（3）掌握机械制图国家标准中有关比例、图线的相关规定。

能力目标

（1）能够正确选择零件图纸并合理布置零件图的内容。

（2）能够正确合理选择比例、图线并采用规定的字体来表达零件的结构。

（3）能够正确使用绘图工具和仪器。

（4）能够完成旋转工作台零件图的绘制。

任务分析

1. 识读、分析零件图

在对旋转工作台进行测绘和完成测绘图的基础上，通过学习平面立体及平面立体被截切的作图知识，以及国家标准对零件图的规定，能够完成对零件图的分析，并弄懂画旋转工作台零件图所涉及的平面立体知识。

2. 绘制零件图

利用绘图工具，结合旋转工作台实物及其测绘图，用手工作图的方法完成旋转工作台零件图的绘制。

任务实施

在旋转工作台零件图的绘制过程中，为了能够完整、清晰地表达旋转工作台，需按以下步骤进行零件图的绘制。

1. 画图框和标题栏

根据旋转工作台零件的总体尺寸，本着既能清楚表达零件，又能利于图纸保存的原则。在绘制旋转工作台零件图时，选用 A3 图纸横置使用，按照国家标准对图纸幅面尺寸和标题栏的具体要求，绘制出旋转工作台零件图的图框和标题栏，如图 2-28 所示。

2. 画旋转工作台的三视图

旋转工作台属于板盖类零件。其主体为高度方向尺寸较小的棱柱体。旋转工作台同大部分板盖类零件一样多是在铸造成型后，经过必要的切削加工而制成。选择视图时，将旋转工作台以工作位置放置设为主视图。根据图纸的大小，旋转工作台的三视图选择 1:2 的缩小比例进行绘制。将旋转工作台的三视图以适当的位置布置在图框中，如图 2-29 所示。

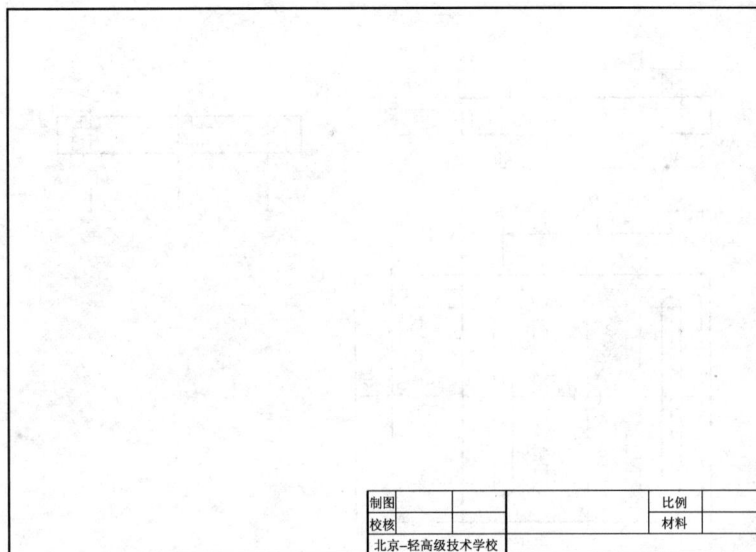

制图			比例	
校核			材料	
北京—轻高级技术学校				

图 2 – 28 图框和标题栏

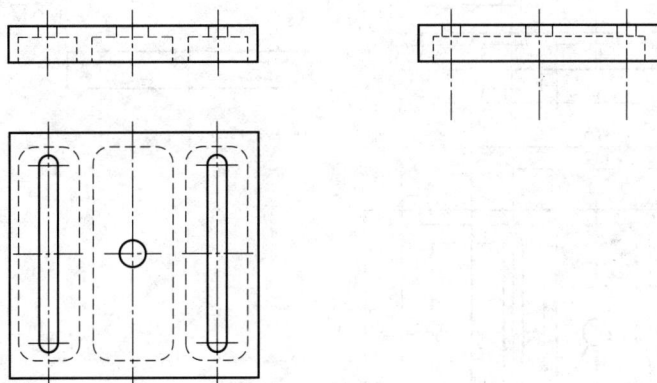

图 2 – 29 旋转工作台的三视图

3. 标注尺寸

对旋转工作台的实物进行再次测绘，复核任务 2.1 测绘出的旋转工作台尺寸并进行对旋转工作台零件图的尺寸标注，如图 2 – 30 所示。

4. 标注尺寸公差、形位公差及表面粗糙度

由于旋转工作台是一个配合要求较低的工件，因此在标注尺寸公差、形位公差及表面粗糙度时，主要是考虑加工方法的要求。本工件在铸造成型后，经过了铣、钻等加工方法的加工，因此需要标注尺寸公差、形位公差及表面粗糙度，如图 2 – 31 所示。

5. 检查图样并加重

检查旋转工作台零件图以及标注，在确认无误后进行图样加重，最后在标题栏中签字。至此旋转工作台零件图全部绘制完成，如图 2 – 32 所示。

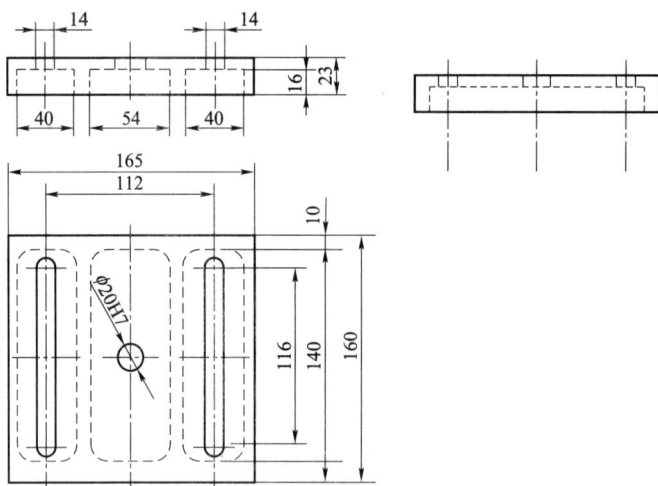

图 2-30　旋转工作台的尺寸标注

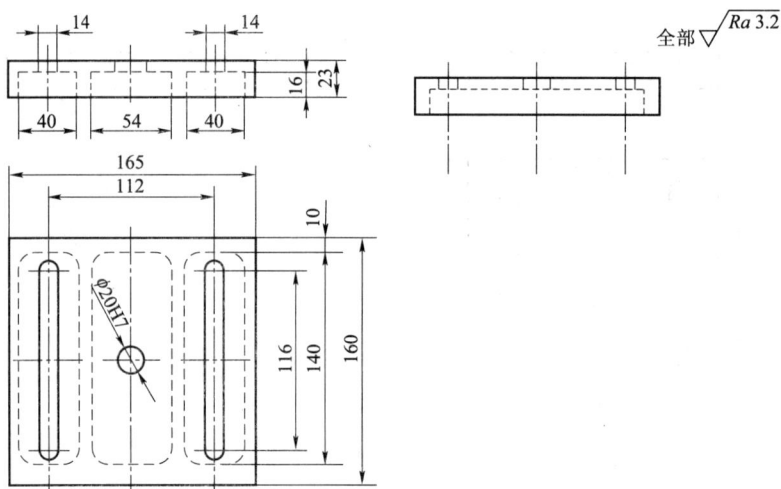

图 2-31　旋转工作台的零件图

相关知识

1. 机械制图的基本知识与技能

下面简要介绍现行国家标准中有关图幅、比例、字体和图线的部分内容。

1）图纸幅面和格式

（1）图纸幅面。绘制技术图样时，应优先采用表 2-2 所规定的图纸幅面，图纸幅面代号有 A0、A1、A2、A3、A4 五种。必要时，也允许选用所规定的加长幅面，这时幅面尺寸是由基本幅面的短边成整数倍增加后得出。

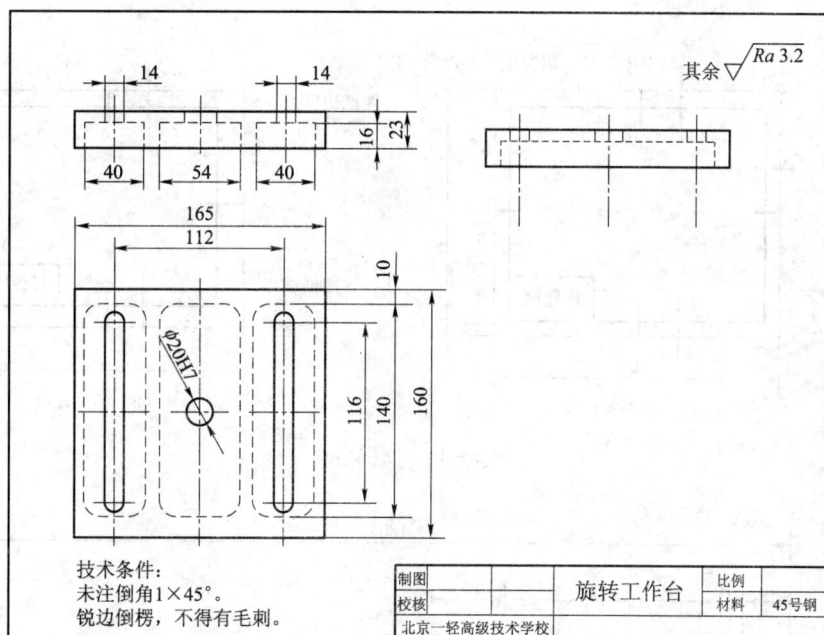

图 2 – 32　旋转工作台的完整零件图

表 2 – 2　图纸幅面尺寸规格

幅面代号	A0	A1	A2	A3	A4
$B \times L$	841 × 1 189	594 × 841	420 × 594	297 420 ×	210 × 297
e	20			10	
a	25				
c	10			5	

注：B—宽；L—长；e—不留装订边时，图框线与图纸边界距离；a，c—留装订边时，图框线与图纸边界距离

　　（2）图框格式。在图纸上，无论何种幅面的图样，均需用粗实线画出图框线，其格式分为不留装订边和留装订边两种，如图 2 – 33（a）、（b）所示。

　　（3）标题栏。在图框的右下角必须绘出标题栏，其格式、内容和尺寸，如图 2 – 34 所示。

　　国家标准规定生产上用的标题栏内容较多，也比较复杂，建议学生在制图作业中采用如图 2 – 35 所示的简化标题栏。

　　2）比例

　　比例是指图样中图形大小与实物相应要素的线性尺寸之比。图样比例分为原值比例、放大比例和缩小比例三种。根据物体的大小与结构的不同，绘图时可根据情况放大或缩小。为了便于看图，绘图时应尽可能采用 1∶1 的比例。如图 2 – 36 所示为采用不同比例所绘制的图样，分别为 1∶1、1∶2 及 2∶1。

　　无论采用哪种比例，图形上所标注的尺寸必须是物体的实际大小，与图形的比例无关。

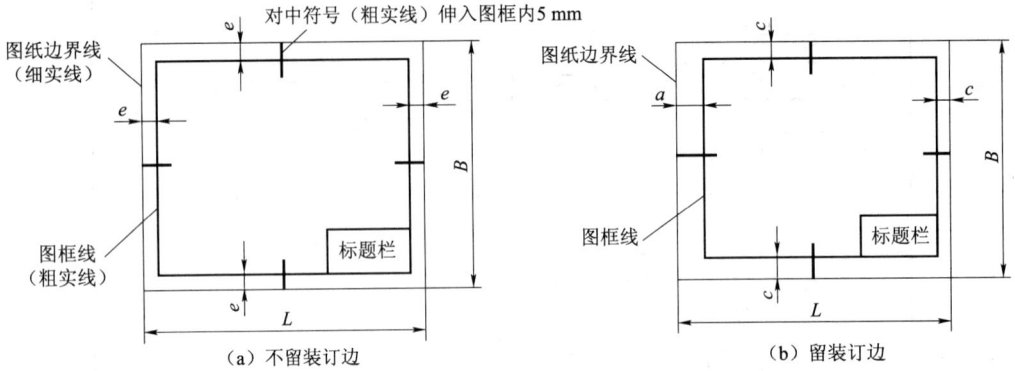

图 2-33　图框格式

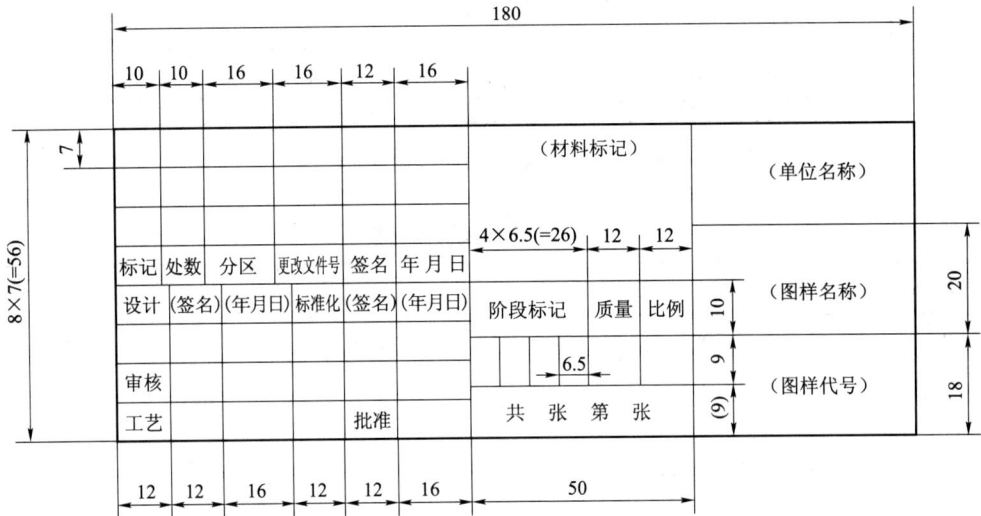

图 2-34　标题栏

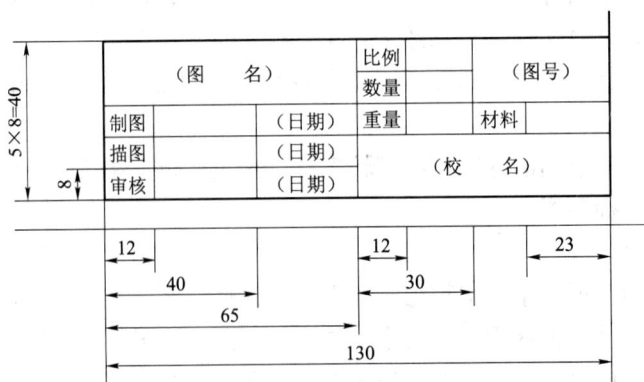

图 2-35　简化标题栏

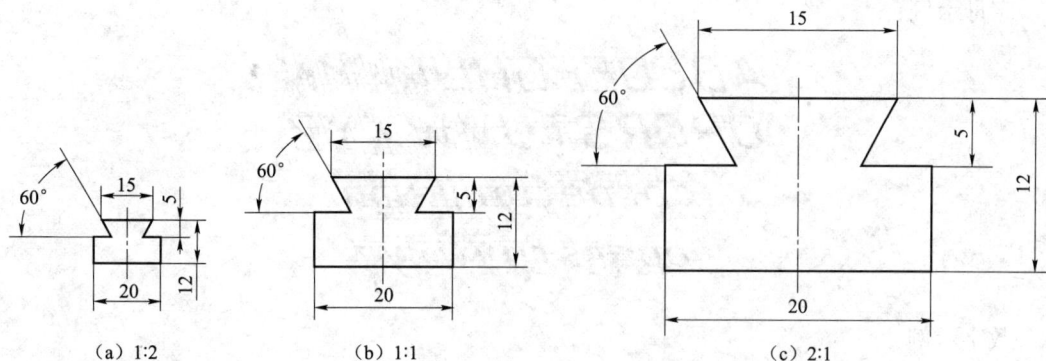

图 2－36　比例

因此，在绘制技术图样时，应从表 2－3 规定的系列值中选取适当比例。绘制同一物体的各个视图一般应采用相同的比例，如果某个视图需采用不同的比例时，则应在该视图的上方另行标注。

表 2－3　比例系列表

种　类		
原始比例		1:1
放大比例	优先选用比例	$2:1$　$5:1$　$(1 \times 10^n):1$　$(2 \times 10^n):1$　$(5 \times 10^n):1$
	允许选用比例	$2.5:1$　$4:1$　$(2.5 \times 10^n):1$　$(4 \times 10^n):1$
缩小比例	优先选用比例	$1:2$　$1:5$　$1:10$　$1:(2 \times 10^n)$　$1:(5 \times 10^n)$　$1:(1 \times 10^n)$
	允许选用比例	$1:1.5$　$1:2.5$　$1:4$　$1:6$　$1:(1.5 \times 10^n)$　$1:(2.5 \times 10^n)$　$1:(4 \times 10^n)$　$1:(6 \times 10^n)$

注：n 为正整数。

3）字体

字体包括汉字、字母和数字三种，图样中书写的字体必须做到：字体工整、笔画清楚、间隔均匀、排列整齐。

字体的高度称为字体的号数，字体高度（用 h 表示，单位为 mm）的公称尺寸系列为 1.8，2.5，3.5，5，7，10，14，20。

（3）汉字应写成长仿宋体字，并采用国家正式公布推行的《汉字简化方案》中规定的简化字。汉字的高度 h 不应小于 3.5 mm，其字宽一般为 $h/2$。

长仿宋体汉字示例：

字体工整　　笔划清楚　　排列整齐　　间隔均匀

横平竖直　　结构均匀　　注意起落　　填满方格

（4）字母和数字分 A 型（笔画宽度为字高 1/14）和 B 型（笔画宽度为字高 1/10）两种，可书写成直体和斜体（字头向右斜，与水平方向成 75°），同一张图纸只允许用一种类型的字体。

字母示例：

$$ABCDEFGHIJKLMN$$
$$OPQRSTUVWXYZ$$
$$abcdefghijklmn$$
$$opqrstuvwxyz$$

数字示例：

$$1234567890$$

4）图线及其画法

图线是起点和终点以任意方式连接的一种几何图形，它可以是直线或曲线、连续线或不连续线。

（1）线型。表 2-4 所示为国家标准规定的各种图线的名称、形式、结构、标记及画法规则等，供绘图时选用。

表 2-4　常用图线表

图线名称	图线形式	图线宽度	主要用途	线素长度
粗实线	——————	d	可见轮廓线	
细实线	——————	$d/2$	尺寸线及尺寸界线 剖面线 重合断面的轮廓线 过渡线	
细虚线	- - - - - -	$d/2$	不可见轮廓线	画长为 $12d$ 间隔长 $3d$
粗虚线	- - - - - -	d	允许表面处理的表示线	
细点划线	—·—·—·—	$d/2$	轴线 对称中心线	
粗点划线	—·—·—·—	d	限定范围表示线	长画长为 $24d$ 短画长为 $0.5d$ 间隔长 $3d$
细双点划线	—··—··—	$d/2$	相邻辅助零件的轮廓线 轨迹线 极限位置的轮廓线 中断线	
波浪线	～～～～	$d/2$	断裂处的边界线 视图和剖视图的分界线	
双折线	—/\/—	$d/2$	同波浪线	折叠处长为 $7.5d$， 高为 $14d$，角度为 $30°$

（2）线宽。图样的图线宽度分为粗、细两种，粗线宽度应根据图的大小和复杂程度，在 0.5～2 mm 之间选择。图线宽度的推荐系列（单位为 mm）为：0.13，0.18，0.25，0.35，0.5，0.7，1，1.4，2。制图中一般常用的粗实线宽度为 0.7 mm 和 1 mm。机械工程图中粗、细线宽度为 2:1。

（3）图线画法。画图线时应注意以下几个问题。

① 在同一张图样中，同类图线的宽度应基本一致。虚线、点划线及双点划线的线段长度和间隔应各自大致相等，其长度可根据图形的大小决定。

② 绘制圆的中心线时，圆心应为线段的交点。点划线的首末两端应该是线段而不是短划，且应超出图形外 2～5 mm。点划线、双点划线、虚线与其他线相交或自身相交时，均应交于线段处。

③ 在较小的图形上画点划线或双点划线有困难时，可用细实线代替。

④ 虚线为粗实线的延长线时，虚线在连接处应留有空隙；虚线直线与虚线圆弧相切时，应相切。

⑤ 当图中的线段重合时，其优先次序为粗实线、虚线和点划线。

图线画法如图 2－37 所示。

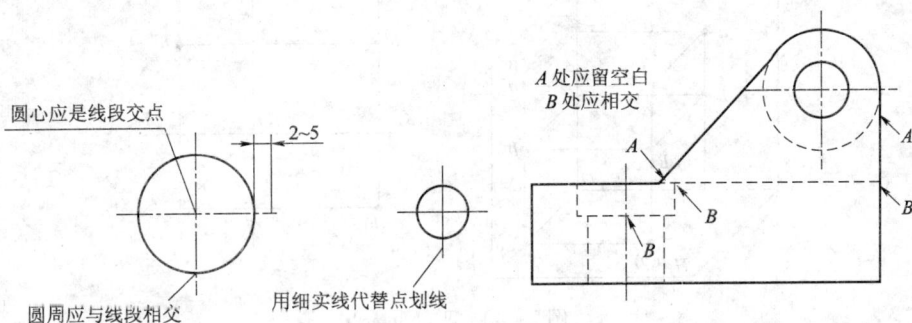

图 2－37　图线画法

2. 点、线、面的投影

任何物体的形状都是由点、线、面等基本几何元素所构成，只有透彻地理解了机械图样中每一个点、线、面所表述的内容，才能更好地理解形体。

1）点的投影特性

在图 2－38 中，设在三面投影体系中有一个空间点 A，由 A 点分别向三个投影面作投影线，其与投影面的交点 a、a'、a'' 分别为 A 点在 H、V、W 面上的投影。

投影特性：空间点的投影仍然是点，而且是唯一的。

（1）两点的相对位置。两点的相对位置是指空间两个点的上下、左右、前后关系。在投影图 2－39 中，A、B 两点的 V 面投影反映上下、左右关系（即 A 点在 B 点的上面、右面）；H 面投影反映左右、前后关系（即 A 点在 B 点的右面、后面）；W 面投影反映上下、前后关系（即 A 点在 B 点的上面、后面）。综合起来可以判定：A 点在 B 点的上面、右面和后面。

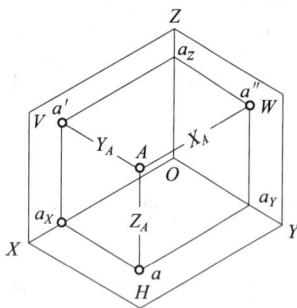

图 2 – 38 点的三面投影

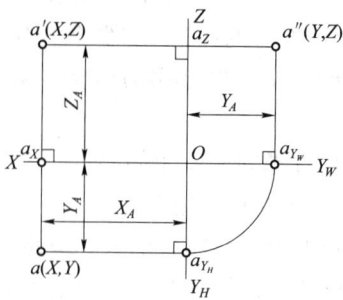

图 2 – 39 两点的相对位置

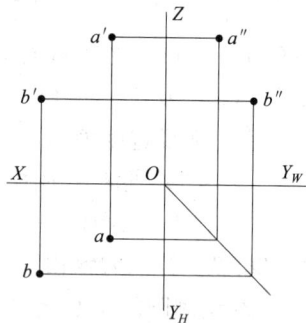

（2）两点重影。当空间两点到两个投影面的距离都分别对应相等时，就表示该两点处于同一投射线上，它们在该投射线所垂直的投影面上的投影重合在一起，这两点称为对该投影面的重影点。如图 2 – 40 中的 A、B 两点在 H 面投影为两点重影。重影点需要判断其可见性，不可见点（如 B 点）的投影需用括号括起来，以示区别。

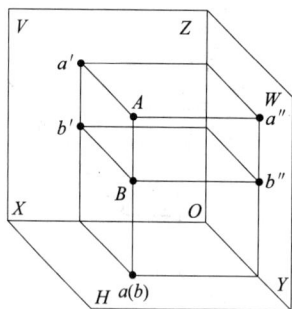

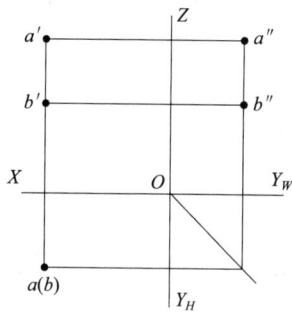

图 2 – 40 两点重影点

2）直线的投影特性

直线的位置不同，其投影也不尽相同，概括起来有以下几种情况。

（1）一般位置直线。一般位置直线对三个投影面都处于倾斜位置。其投影特性为在三个投影面上的投影都倾斜于投影轴，且长度均小于实长，如图 2 – 41 所示。

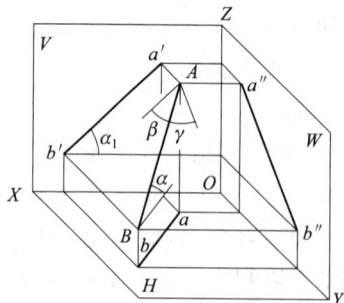

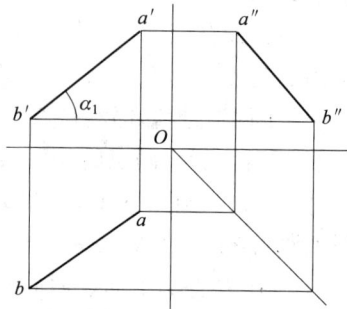

图 2 – 41 一般位置直线的三面投影

（2）投影面平行线：

① 水平线：平行于 H 面，如图 2 - 42 所示；

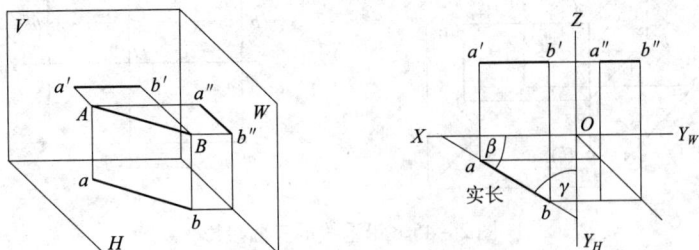

图 2 - 42 水平线的三面投影

② 正平线：平行于 V 面，如图 2 - 43 所示；

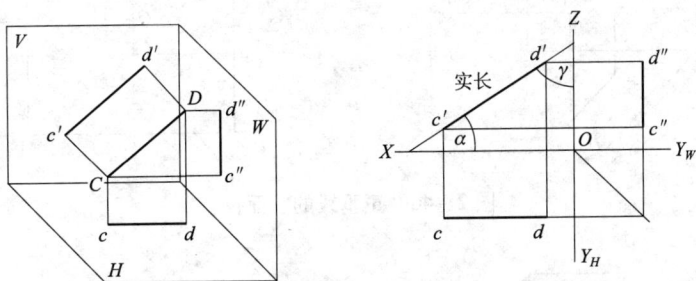

图 2 - 43 正平线的三面投影

③ 侧平线：平行于 W 面，如图 2 - 44 所示。

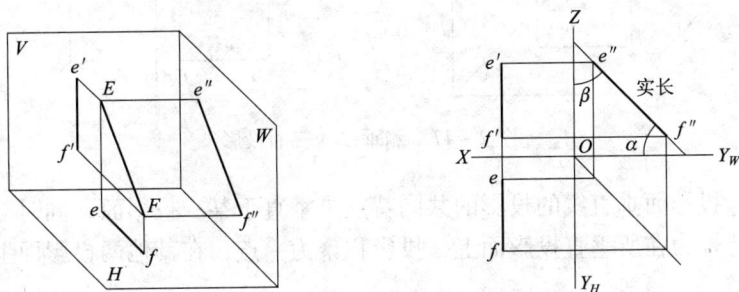

图 2 - 44 侧平线的三面投影

综上所述，投影面平行线的投影的共同特点是平行于某一投影面，同时倾斜于其他两个投影面。其投影特性为在所平行的投影面上，投影反映实际长度和方向；在其他两投影面上，投影平行于投影轴。

（3）影面垂直线：

① 铅垂线：垂直于 H 面，如图 2 - 45 所示；

② 正垂线：垂直于 V 面，如图 2 - 46 所示；

③ 侧垂线：垂直于 W 面，如图 2 - 47 所示。

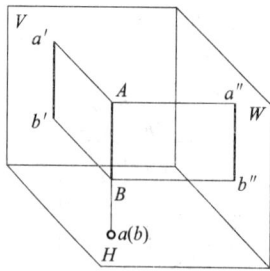

图 2-45 铅垂线的三面投影

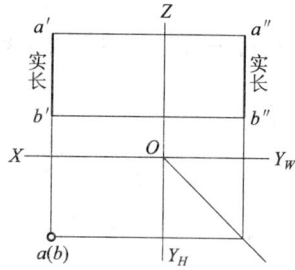

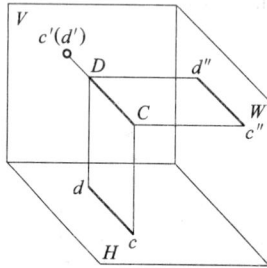

图 2-46 正垂线的三面投影

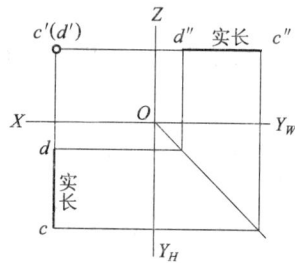

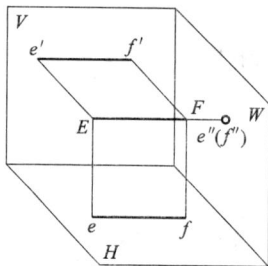

图 2-47 侧垂线的三面投影

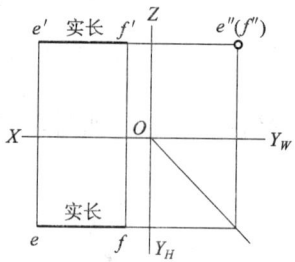

综上所述，投影面垂直线的投影的共同特点是垂直于某一投影面，同时与另两个投影面平行。其投影特性为在所垂直投影面上，投影积聚为一点；在其他两投影面上，投影反映实际长度和方向。

直线投影具有如下几个特性。

（1）线性：直线的投影一般为直线，特殊情况积聚为一点。

（2）点线从属性：点在直线上，点的投影必在其同面投影上，且点分线段之比等于其投影之比。

（3）平行性：平行直线的同面投影仍然平行。

3）平面的投影特性

平面的三面投影原则：长对正，高平齐，宽相等。

平面的位置不同，其投影也不尽相同，概括起来有以下几种情况。

（1）一般位置平面。一般位置平面对三个投影面都处于倾斜位置。其投影特性为平面在三个投影面上的投影均为类似形，如图2－48所示。

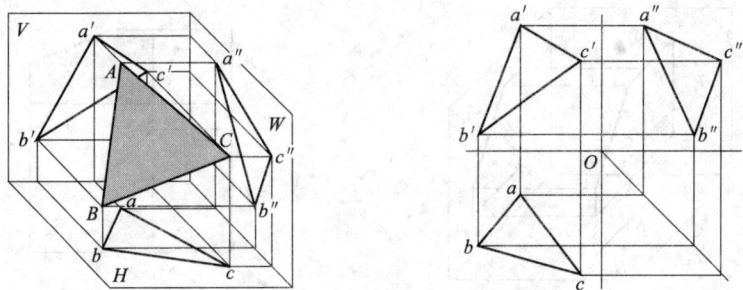

图2－48 一般位置平面的三面投影

（2）投影面平行面：

① 水平面：平行于 H 面，如图2－49所示；

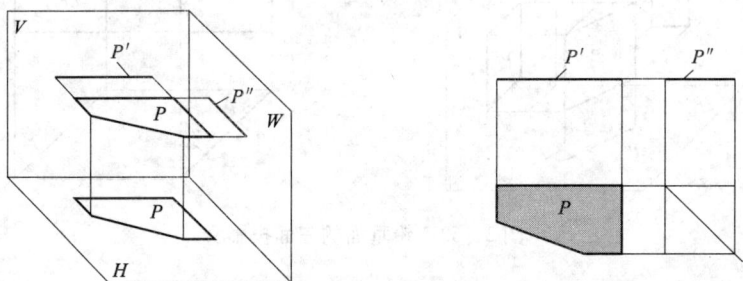

图2－49 水平面的三面投影

② 正平面：平行于 V 面，如图2－50所示；

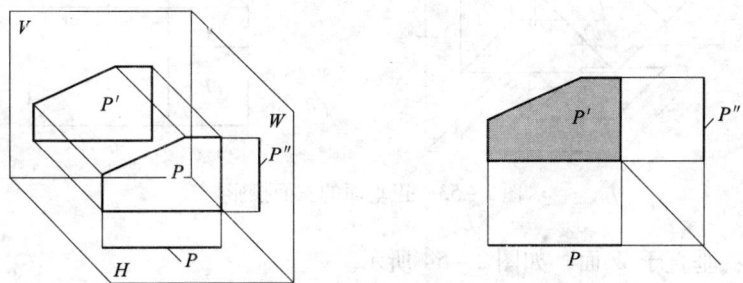

图2－50 正平面的三面投影

③ 侧平面：平行于 W 面，如图2－51所示。

综上所述，投影面平行面的投影的共同特点是平行于某一投影面，同时垂直于其他两个投影面。其投影特性为在所平行的投影面上，投影反映实形，在其他两投影面上，投影积聚成直线。

（3）投影面垂直面：

① 铅垂面：垂直于 H 面，如图2－52所示；

② 正垂面：垂直于 V 面，如图2－53所示；

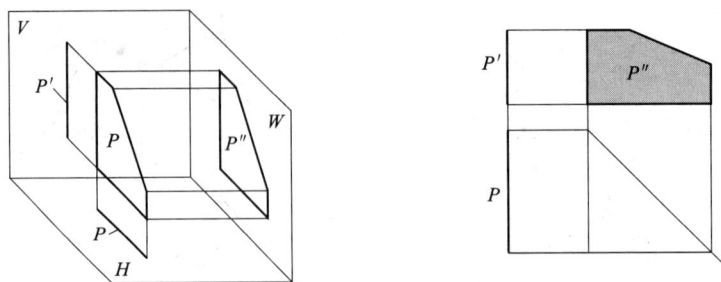

图 2 - 51　侧平面的三面投影

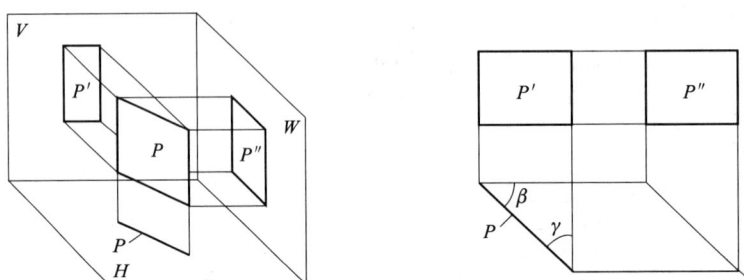

图 2 - 52　铅垂面的三面投影

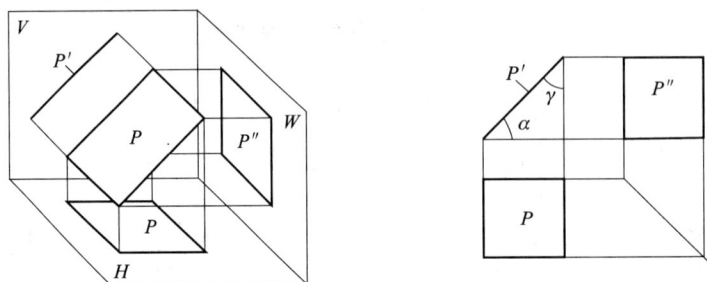

图 2 - 53　正垂面的三面投影

③ 侧垂面：垂直于 W 面，如图 2 - 54 所示。

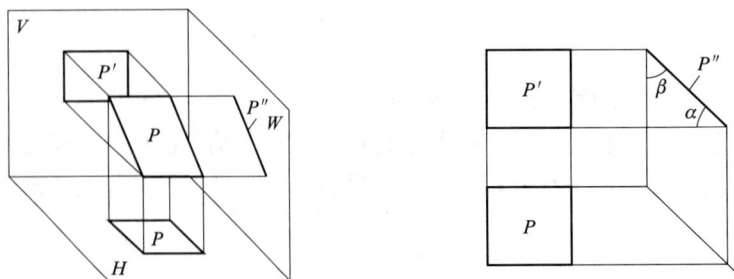

图 2 - 54　侧垂面的三面投影

综上所述，投影面垂直面的投影的共同特点是垂直于某一投影面，同时对另两个投影面处于倾斜位置。其投影特性为在所垂直的投影面上，投影积聚为一直线；在其他两投影面上，投影为类似形。

3. 平面立体的投影

平面立体即表面均为平面的立体，平面立体主要有棱柱、棱锥等。由于平面立体的各个表面都是由平面所组成，因此绘制平面立体的投影图，就可归结为绘制各个表面的投影而组成的图形。而平面立体投影后的图形由直线段组成，而每条线段可由其两端点确定，因此平面立体的投影，又可归结为绘制其各棱线及各顶点的投影，只是需要判断其可见性，将棱线的不可见投影在图中用虚线表示。

1）正棱柱

棱线相互平行的平面围合而成的平面立体称为棱柱。根据棱线的多少，棱柱可分为三棱柱、四棱柱……n 棱柱。现以最为常见的正六棱柱为例进行说明。

正六棱柱由 8 个平面组成，其上下两个平面为相互平行的正六边形，六个侧面为矩形，且垂直于顶（底）面。

（1）正六棱柱的投影特点。正六棱柱的投影情况如图 2-55 所示，它的顶面及底面平行于水平面，其水平投影反映实形且两面重合为一个正六边形，正面和侧面投影积聚为一直线。棱柱共有 6 个棱面，六棱柱的前后棱面平行于正平面，其正面投影反映实形，水平投影和侧面投影积聚为一直线。六棱柱的其他四个棱面均垂直于水平面，其水平投影均积聚为直线，正面投影和侧面投影均为矩形（类似形）。六棱柱的六条棱线均垂直于水平面，其水平投影积聚为一点，正面投影和侧面投影均反映实长。六棱柱顶面和底面的前后两条边垂直于侧面，侧面投影积聚为一点，正面投影和水平投影均反映实长；其他边均平行于水平面，水平投影反映实长，正面投影和侧面投影均为类似形。

（2）正六棱柱投影图的作图。如图 2-56 所示，作图时，可先画正六棱柱的水平投影——正六边形，再根据投影规律做出其他两个投影。具体作图步骤如下：

① 布置图面，画中心线、对称线等作图基准线，如图 2-56（a）所示；

② 画正六棱柱的水平投影，即反映上、下端面实形的正六边形，如图 2-56（b）所示；

③ 根据正六棱柱的高，按投影关系画正面投影，如图 2-56（c）所示；

④ 根据正面投影和水平投影，按投影关系画侧面投影，检查并描深图线，完成作图，如图 2-56（d）所示。

（3）棱柱表面上取点。在平面立体表面上取点时，如果已知立体表面上点的一个投影，便可求出其余的两个投影。在图 2-57 中，已知正六棱柱表面上点 M 的正面投影点 m'，求其余两投影的作图步骤如下。

① 由于点 M 在正面投影上可见，并且其所在的平面为铅垂面，故由点 m' 向下作垂线交铅垂面的水平投影于点 m。

② 由点 m 和 m' 根据点的投影规律求出点 m''。

已知正六棱柱表面上点 N 的水面投影点 n，求其余两投影的步骤如下。

① 由于点 N 的水面投影点 n 是可见的，并且其所在的平面为水平面，故由点 n 向上作垂线交水平面的正面投影于点 n'。

② 由点 n 和 n' 根据点的投影规律求出点 n''。

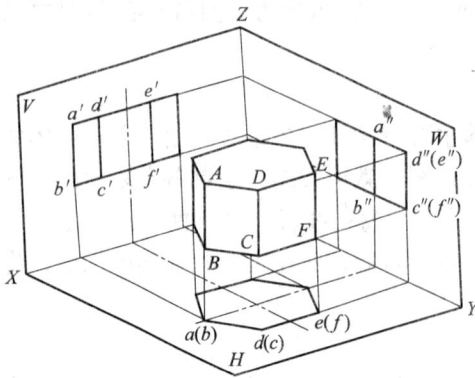

（a）正六棱柱的投影情况

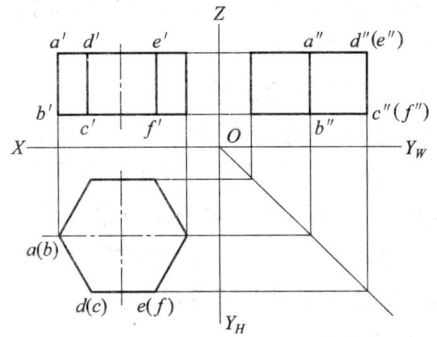

（b）正六棱柱的三面投影

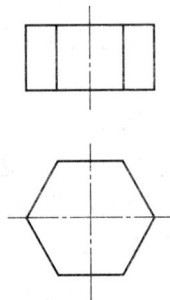

（c）简化后的三面投影

图 2 - 55 正六棱柱的投影特点

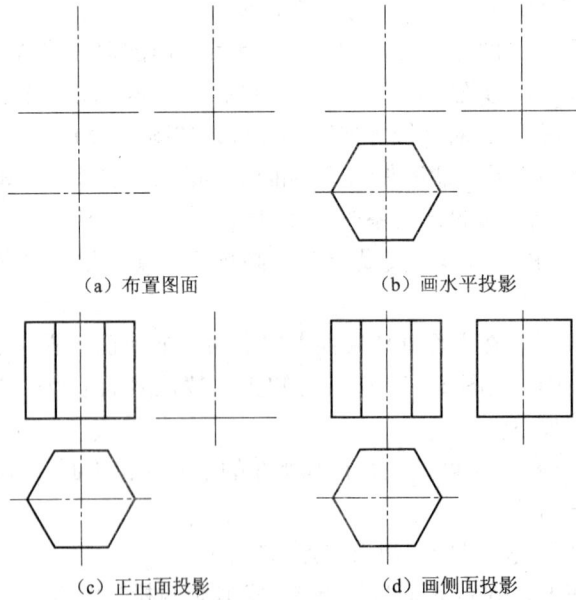

（a）布置图面

（b）画水平投影

（c）正正面投影

（d）画侧面投影

图 2 - 56 正六棱柱投影图的作图步骤

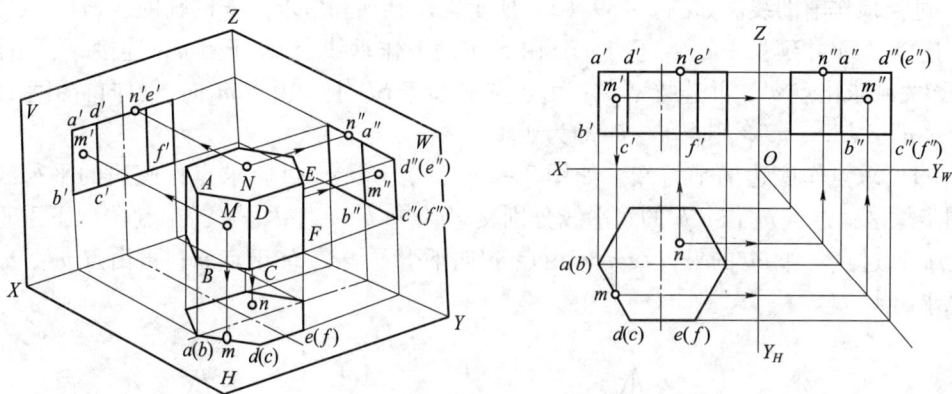

图 2 - 57　正六棱柱表面上取点

2）正棱锥

棱线延长后汇交于一点的平面围合而成的平面立体称为棱锥。根据棱线的多少，棱锥可分为三棱锥、四棱锥……n 棱锥。现以最为常见的正三棱锥为例进行说明。

正三棱锥由 4 个平面组成，其底面为正三角形，三个侧面均为等腰三角形，且各棱线汇交于锥顶，锥顶位于底面正三角形的外接圆圆心的垂线上。

（1）正三棱锥投影图的作图。图 2 - 58 所示为三棱锥 $S - ABC$ 的投影情况，其画图步骤如下。

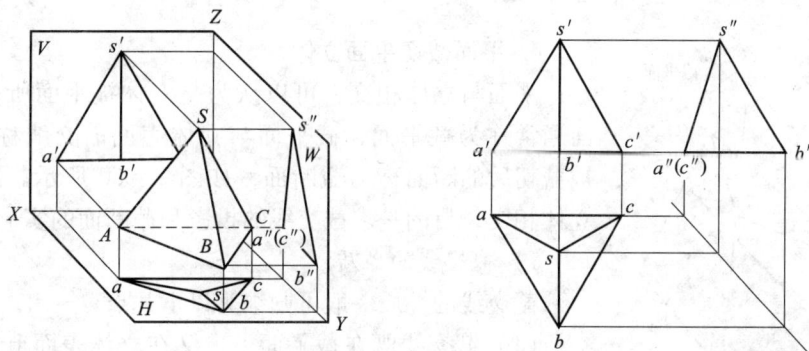

图 2 - 58　正三棱锥的三面投影

① 画底面正三角形 $\triangle ABC$ 的水平投影，因底面为水平面，其正面和侧面投影为直线。

② 画顶点 S 的投影，因点 S 位于底面正三角形的外接圆圆心处，因此在确定点 S 的水平投影后，根据正三棱锥的高度和投影规律，确定点 S 的正面和侧面投影。

③ 将点 S 和点 A、B、C 的同面投影两两相连。在判断可见性后，把棱线的可见投影画成粗实线，把棱线的不可见投影画成虚线，即得三棱锥的投影图。

（2）棱锥表面上取点。由于棱锥的某些侧面没有积聚性，因此在棱锥表面上取点时，必须先作辅助线，再利用辅助线求出点的投影。作辅助线有如下两种方法。

① 过锥顶作辅助线。如图 2 – 59（a）所示，过锥顶和所求点作的辅助线 SD，其作图步骤是：连接 s'm' 并延长交 a'b' 于点 d'；由点 d' 向下作垂线交 ab 于点 d，连接 sd；由点 d'、d 按投影关系求出点 d''，并连接 s''d''；由于点 M 位于 SD 上，由点 m' 向下、向右引垂线分别交 sd、s''d'' 于点 m、m''，则点 m、m'' 即为所求。

② 过所求点作底边的平行线。如图 2 – 59（b）所示，过所求点作底边的平行线 DE，其作图步骤是：过点 m' 作 a'b' 的水平线分别交 s'a'、s'b' 于点 d'、e'；自点 d' 向下引垂线交 sa 于点 d；过点 d 作 ab 的平行线 de；由点 m' 向下引垂线交 de 于点 m；再由点 m'、m 按投影关系求出点 m''。

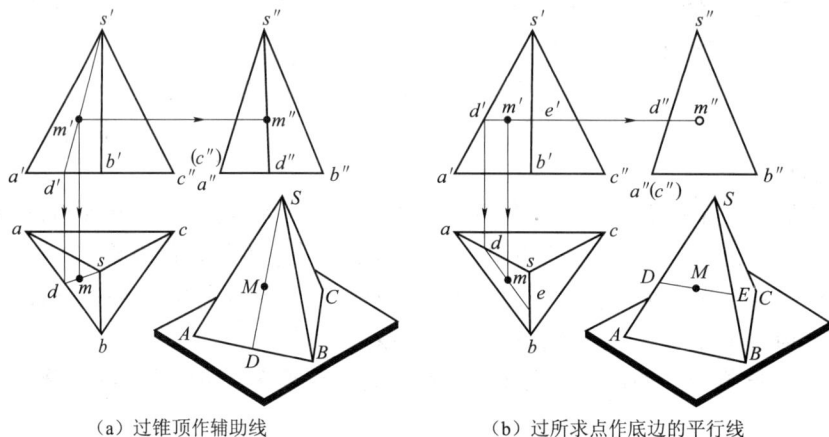

（a）过锥顶作辅助线　　　　　　　　　（b）过所求点作底边的平行线

图 2 – 59　正三棱锥表面上取点

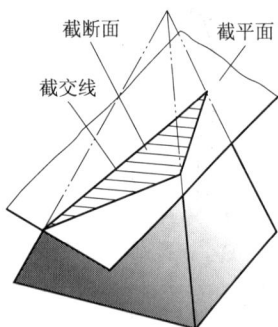

图 2 – 60　平面截切平面立体

4. 平面截切平面立体

平面与立体相交，可以认为是立体被平面所截切。该平面通常称为截平面，截平面与立体表面的交线称为截交线。被截切后的断面称为截断面，如图 2 – 60 所示。研究平面与立体相交，目的是求截交线的投影和截断面的实形。

1）截交线的性质

截交线的性质一般可归纳为以下几点。

（1）截交线既在截平面上，又在立体表面上，因此截交线是截平面与立体表面的共有线，截交线上的点是截平面与立体表面的共有点。

（2）由于立体表面是封闭的，因此截交线必定是封闭的线条，截断面是封闭的平面图形。

（3）截交线的形状决定于立体表面的形状和截平面与立体的相对位置。

2）截断面的作图方法

根据截交线的性质，求截交线可归结为求截平面与立体表面的共有点（共有线）的问题。由于物体上绝大多数的截平面是特殊位置平面，因此可利用积聚性原理来作出其共有点（共有线）。如果截平面为一般位置时，也可利用投影变换方法使截平面成为特殊位置平面，本章只讨论特殊位置平面的截平面。

3）平面与棱柱相交

图 2-61（a）所示为正五棱柱被一平面 P 所截切，其作图步骤如下。

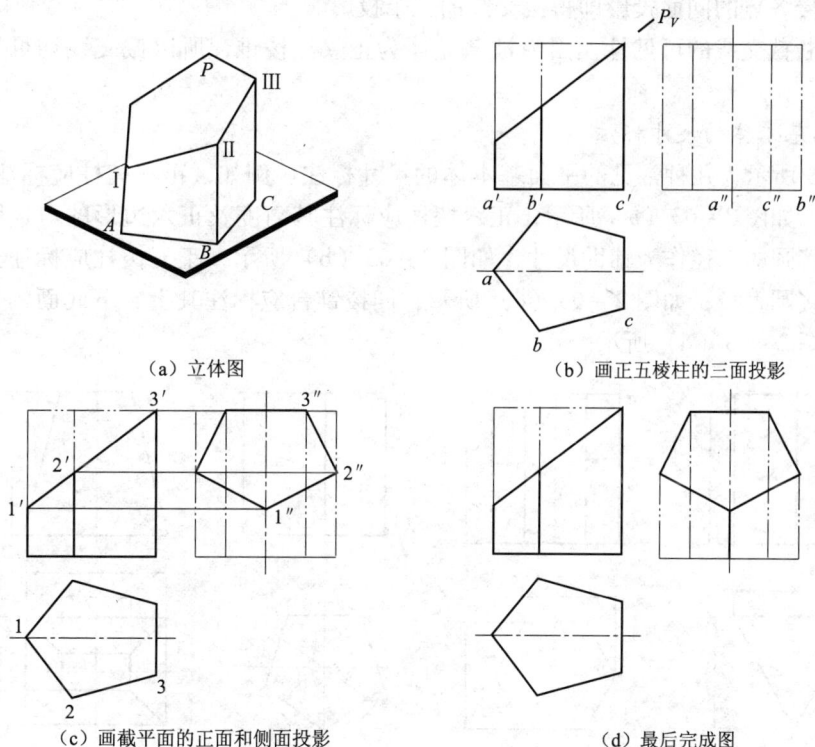

（a）立体图　　　　　　　　　（b）画正五棱柱的三面投影

（c）画截平面的正面和侧面投影　　　　　　（d）最后完成图

图 2-61　平面与正五棱柱相交

（1）画出完整的正五棱柱的三个投影，在正面投影中，五棱柱被平面截去的部分用双点划线表示，如图 2-61（b）所示。

（2）因为截平面垂直于正面，所以 P 在 V 面上具有积聚性。根据截交线的性质，P_V 与三条可见的棱线的交点 $1'$、$2'$、$3'$ 为截平面与各棱线的交点 Ⅰ、Ⅱ、Ⅲ 的正面投影。

（3）根据正面投影 $1'$、$2'$、$3'$ 做出其水平投影 1、2、3 及侧面投影 $1''$、$2''$、$3''$，如图 2-61（c）所示。

（4）做出对称的另一半，并连接各点的同面投影即得截交线的三个投影。

（5）判断可见性，并描深全部的图形，如图 2-61（d）所示。

4）平面与棱锥相交

图 2-62 所示为一正三棱锥 $S-ABC$ 被一平面 P 所截切，其作图步骤如下。

（1）因为截平面垂直于正面，所以 P 在 V 面上具有积聚性。根据截交线的性质，P_V 与 $s'a'$、$s'b'$、s'

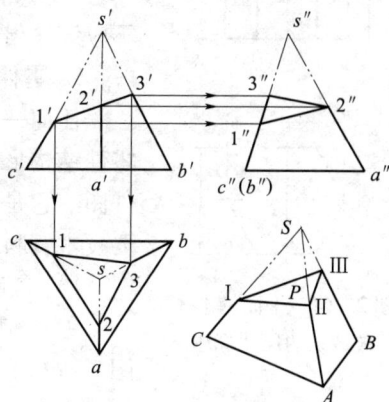

图 2-62　平面与棱锥相交

c'的交点 2′、3′、1′为截平面与各棱线的交点Ⅰ、Ⅱ、Ⅲ的正面投影。

（2）根据正面投影点 1′、2′、3′作出其水平投影点 1、2、3 及侧面投影点 1″、2″、3″。

（3）连接各点的同面投影即得截交线的三个投影。

（4）判断截交线的可见性。因为被截立体为正立三棱锥，所以截交线均可见，结果如图 2 - 62 所示。

5）平面基本体的尺寸标注

图 2 - 63 所示为几种常见的平面基本体的尺寸标注。例如，正三棱柱应标注其长、宽、高三个尺寸，如图 2 - 63（a）所示；正六棱柱应标注其高度及正六边形的对边距离，并以正六方形外接圆的直径作为辅助尺寸，如图 2 - 63（b）所示；正五棱柱应标注其高度及正五方形的外接圆直径，如图 2 - 63（c）所示；四棱锥台应标注其上、下底面的长、宽及高度尺寸，如图 2 - 63（d）所示。

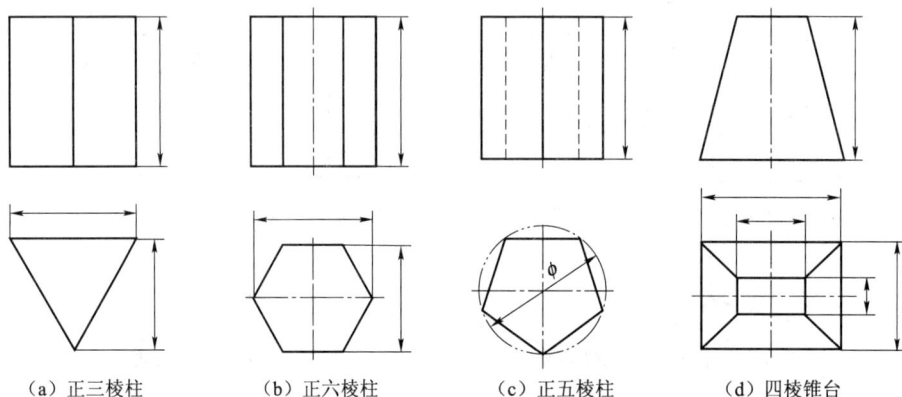

| （a）正三棱柱 | （b）正六棱柱 | （c）正五棱柱 | （d）四棱锥台 |

图 2 - 63　平面基本体的尺寸标注

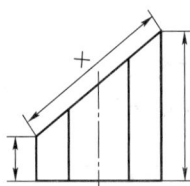

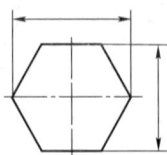

6）平面基本体被截切的尺寸标注

图 2 - 64 表示的平面基本体被截切后，除标注出基本形体的尺寸外，还应标注出截平面位置的尺寸，如图中在尺寸线上画有"×"的尺寸，既是多余，又是与其他尺寸发生矛盾的尺寸，因此不应该注出。

图 2 - 64　平面基本体被截切的尺寸标注

5. 零件图

任何一台机器或部件都是由多个零件装配而成的。表达一个零件结构形状、尺寸大小和加工、检验等方面要求的图样称为零件图。它是工厂制造和检验零件的依据，是设计和生产部门的重要技术资料之一。

1）零件图的内容

为了满足生产部门制造零件的要求，一张零件图（见图 2 - 66）必须包括以下几个方面的内容。

（1）一组视图：表达零件各部分的结构及形状。

（2）全部尺寸：确定零件各部分的形状大小及相对位置的定形尺寸和定位尺寸，以及有关公差。

（3）技术要求：说明在制造和检验零件时应达到的一些工艺要求，如尺寸公差、形位公差、表面粗糙度、材料及热处理要求等。

（4）图框和标题栏：填写零件的名称、材料、数量、比例、图号、设计者、零件图完成的时间等内容。

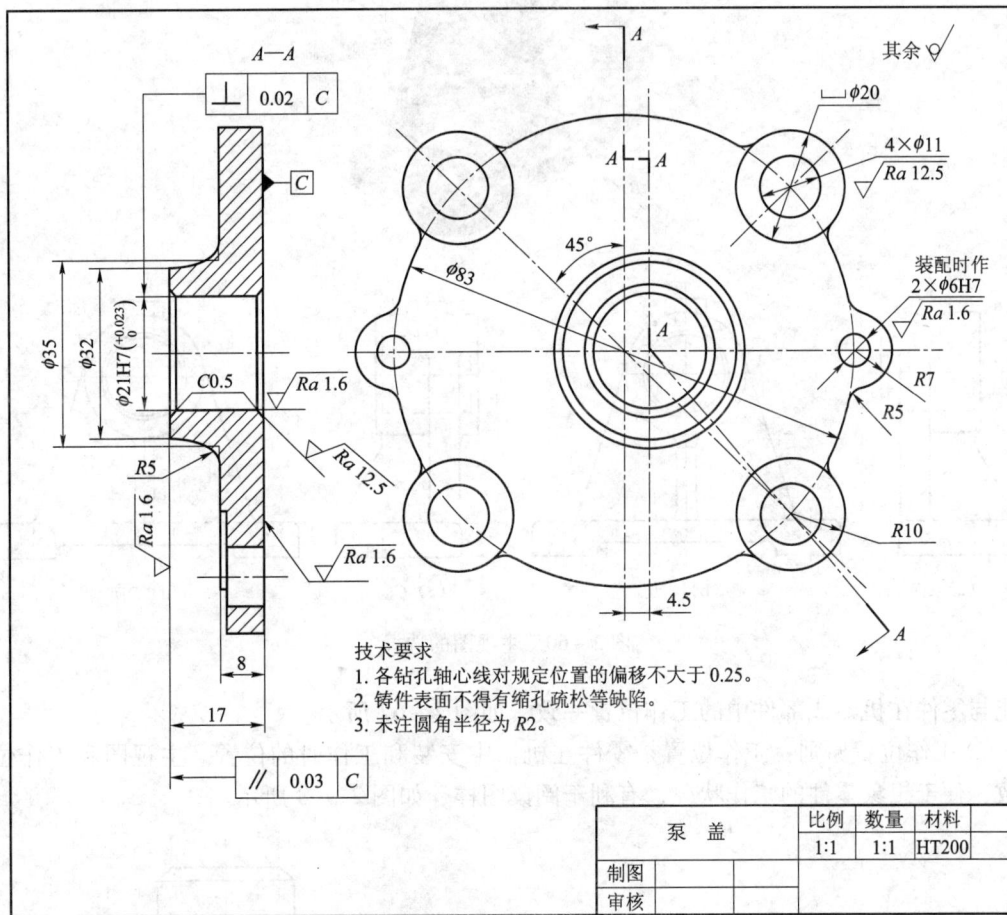

图 2 – 65   泵盖零件图

2）零件图视图的选择

为了将零件的每部分的结构形状和相对位置都表达得完整、正确、清晰，就必须根据零件的结构特点、作用和加工方法，合理地选用一组视图来表达零件。

（1）主视图的选择。在生产过程中，人们看图的习惯都是从主视图开始的。因此主视图的选择应根据具体情况进行分析，从有利于看图出发，在满足形体特征原则的前提下，充分考虑零件的工作位置和加工位置。

① 形体特征原则：应使用能够最清楚地反映零件形体特征的投影作为主视图。

例如，在图 2 – 66 中从 A、B、C、D 四个方向对零件进行投影，得到从不同的方向反映了零件形状特征的四个图形。其中，B 向能清晰地表达零件的结构形状以及各组成部分之间的相对位置关系，所以应选择 B 向作为主视图的投射方向。

② 加工位置原则：加工位置是零件加工时在机床上的装卡位置。主视图的位置，应尽

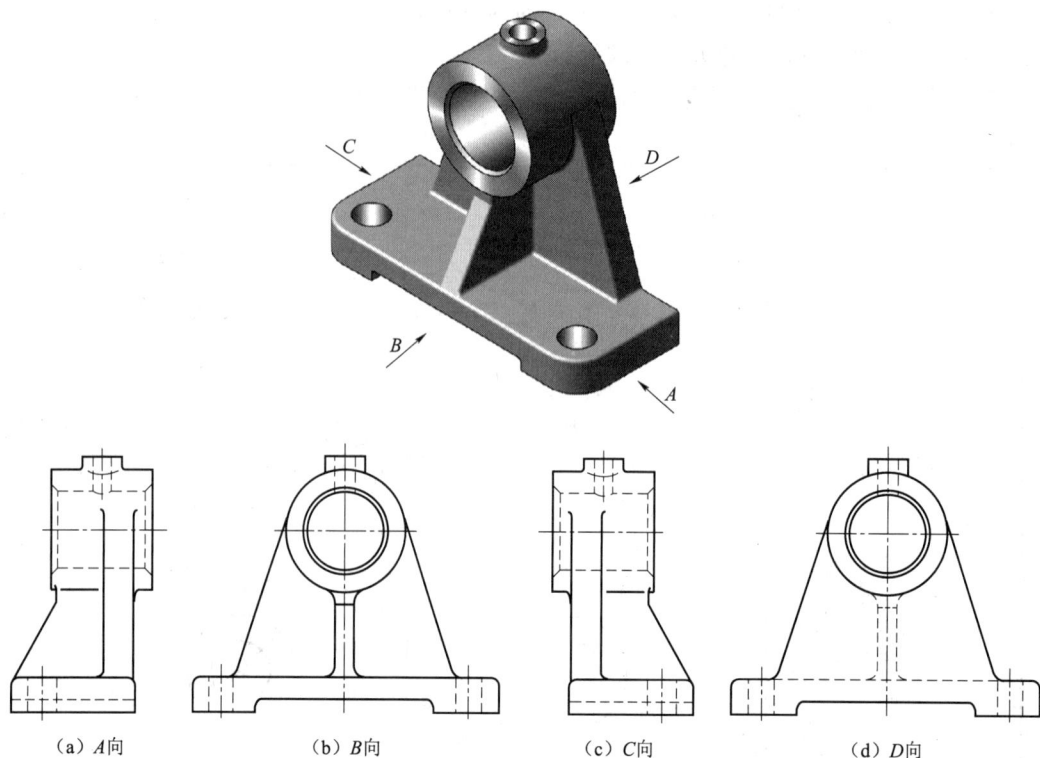

图 2-66　主视图的选择

可能与零件在机器或部件中的工作位置一致，如图 2-67 所示。

③ 工作位置原则：工作位置是零件在机器中安装和工作时的位置。主视图和工作位置一致，便于想象零件的工作状况，有利于阅读图样，如图 2-68 所示。

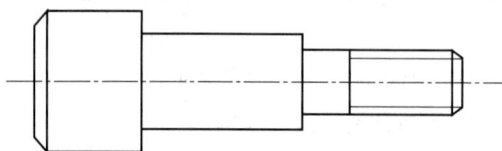

图 2-67　加工位置原则

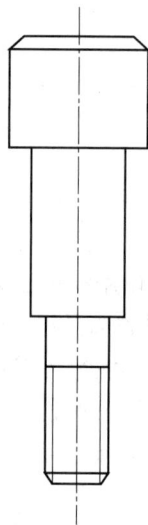

图 2-68　工作位置原则

（2）其他视图的选择。在保证充分表达零件结构形状的前提下，应尽可能使零件的视图数目为最少，应使每一个视图都有其表达的重点内容，具有独立存在的意义。

3）零件图的尺寸标注的要求

（1）尺寸标注的基本要求。物体的形状、结构是由视图来表达的，而物体的大小则是由图上所标注的尺寸来确定的。加工时也是按照图上的尺寸来制造的，它与绘图的比例和作图误差无关，因此尺寸标注的基本要求有以下几条。

正确——所标注尺寸应符合国家标准中有关尺寸注法的规定。

完整——要标注制造零件所需要的全部尺寸，尺寸既无遗漏，也不重复或多余，且每一个尺寸在图中只标注一次。

清晰——尺寸布置要整齐、清晰，便于看图。

合理——标注的尺寸要符合设计要求及工艺要求。

（2）尺寸基准的选择。尺寸基准是指零件在机器中或在加工测量时用以确定其位置的点、线、面。一般情况下，每个零件都有长、宽、高三个方向的尺寸，每个方向的尺寸至少应有一个主要基准。有时同一方向需要多个尺寸基准，这其中只能有一个为主要基准，其余为辅助基准。

尺寸基准分为设计基准和工艺基准。设计基准是指从设计角度考虑，为满足零件在机器或部件中对其结构、性能要求而选定的一些基准。工艺基准是指从加工工艺的角度考虑，为便于零件的加工、测量而选定的一些基准。因此，零件的重要尺寸应从设计基准出发来标注，而机械加工尺寸可从工艺基准出发来标注。

例如，图 2 - 69 中，B、C、D 分别为高度、长度、宽度方向的设计基准；图 2 - 70 中，F 为工艺基准。

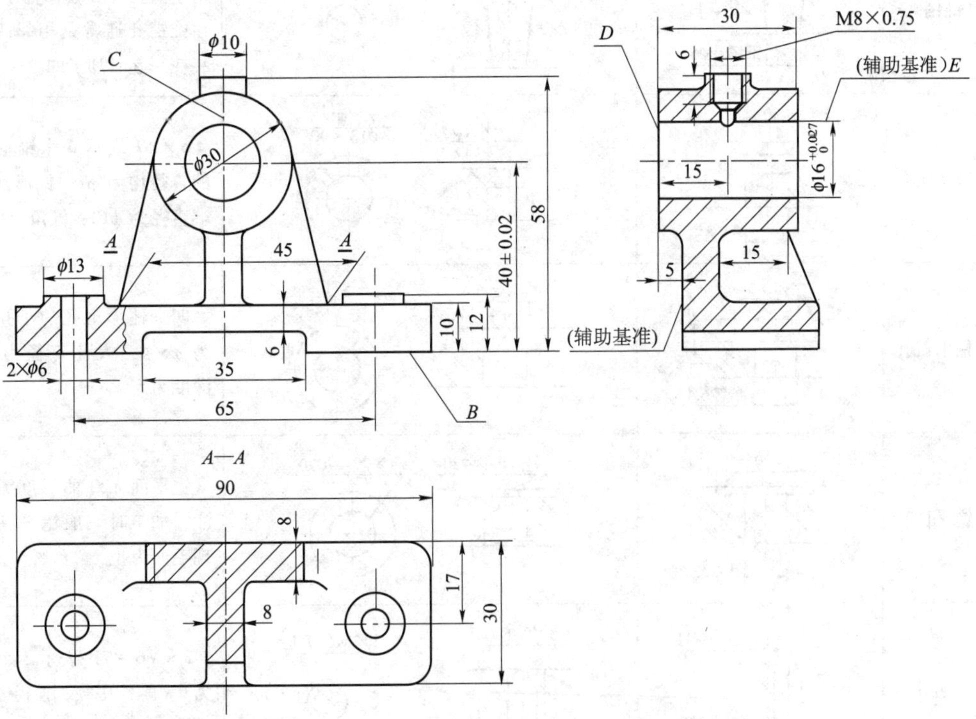

图 2 - 69 设计基准

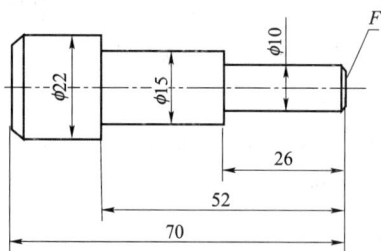

图 2-70 工艺基准

尺寸基准的选择原则是应尽量使设计基准与工艺基准重合，以减少尺寸误差，保证产品质量。

（3）合理标注尺寸的方法。在进行零件的尺寸标注时，应将零件分解成一个个的基本形体，并对其分别进行定形尺寸、定位尺寸的标注，最后做适当调整，以保证尺寸标注的合理性。

（4）零件上常见结构的标注如表 2-5 所示。

表 2-5 零件上常见结构的标注

结构类型		普通注法	旁注法	说明
光孔	一般孔	$4\times\phi5$	$4\times\phi5\,\overline{\mathbb{T}}\,10$ $4\times\phi5\,\overline{\mathbb{T}}\,10$	$4\times\phi5\,\overline{\mathbb{T}}\,10$ 表示四个孔的直径均为 $\phi5$，孔深为 10 三种注法任选一种均可（下同）
	精加工孔	$4\times\phi5^{+0.012}_{0}$	$4\times\phi5^{+0.012}_{0}\,\overline{\mathbb{T}}\,10$ $4\times\phi5^{+0.012}_{0}\,\overline{\mathbb{T}}\,10$	钻孔深为 12，钻孔后需精加工至 $\phi5$，精加工深度为 10
	锥销孔	锥销孔 $\phi5$	锥销孔 $\phi5$ 锥销孔 $\phi5$	$\phi5$ 为与锥销孔相配的圆锥销小头直径（公称直径）锥销孔通常是相邻两零件装在一起时加工的
沉孔	锥形沉孔	$90°$ $\phi13$ $6\times\phi7$	$6\times\phi7$ $\phi13\times90°$ $6\times\phi7$ $\phi13\times90°$	$6\times\phi7$ 表示 6 个锥形沉孔的直径均为 $\phi7$。锥形部分大端直径为 $\phi13$，锥角为 $90°$
	柱形沉孔	$\phi12$ 5 $4\times\phi6.4$	$4\times\phi6.4$ $\phi12\,\overline{\mathbb{T}}\,5$ $4\times\phi6.4$ $\phi12\,\overline{\mathbb{T}}\,5$	四个柱形沉孔的小孔直径为 $\phi6.4$，大孔直径为 $\phi12$，深度为 5
	锪平面孔	$\phi20$ $4\times\phi9$	$4\times\phi9\,\sqcup\,\phi20$ $4\times\phi9\,\sqcup\,\phi20$	锪平面 $\phi20$ 的深度无须标注，加工时一般锪平到不出现毛面为止
螺纹孔	通孔	$3\times M6-7H$	$3\times M6-7H$ $3\times M6-7H$	$3\times M6-7H$ 表示 3 个直径为 6，螺纹中径、顶径公差带为 7H 的螺孔

结构类型		普通注法	旁注法		说明
螺纹孔	不通孔	3×M6-7H	3×M6-7H▼10	3×M6-7H▼10	深度 10 是指螺孔的有效深度尺寸为 10，钻孔深度以保证螺孔有效深度为准，也可查有关手册确定
	不通孔	3×M6	3×M6▼10 孔▼12	3×M6▼10 孔▼12	需要注出钻孔深度时，应明确标注出钻孔深度尺寸

（5）尺寸标注应注意的问题，有如下几条。

① 重要尺寸要直接注出，不应靠间接计算得出。

② 当设计基准与工艺基准不重合时，为了便于加工，可选择工艺基准为辅助基准来标注尺寸。

③ 标注尺寸要适合加工方法的要求。

④ 避免出现封闭尺寸链。

⑤ 零件的同一加工面与其他不加工面间只能标注一个联系尺寸。

4) 零件图的技术要求

技术要求是指零件在制造过程中应达到的质量要求，主要包括尺寸公差、形位公差、表面粗糙度、材料热处理及表面处理等。

（1）尺寸公差的标注方法。尺寸公差在零件图中的标注形式共有三种，分别是：

① 公差带代号注法（见图 2-71），一般用于大批量生产的零件图中；

② 极限偏差注法（见图 2-72），一般用于中、小批量生产的零件图中；

③ 双注法（见图 2-73）。

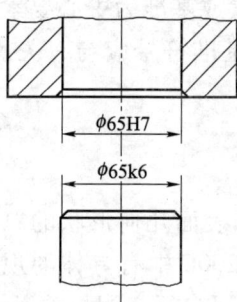

图 2-71　公差带代号注法　　图 2-72　极限偏差注法　　图 2-73　双注法

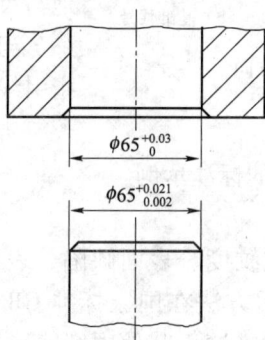

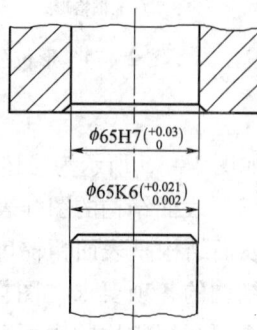

（2）形位公差及其标注方法。

① 形位公差项目名称及符号，如表 2-6 所示。

表2-6　形位公差项目名称及符号

公　差		项　目	符　号
形状公差	形状	直线度	—
		平面度	▱
		圆度	○
		圆柱度	⌭
位置公差或 形状公差	轮廓	线轮廓度	⌒
		面轮廓度	⌓
位置公差	定向	平行度	//
		垂直度	⊥
		倾斜度	∠
	定位	同轴度	◎
		对称度	═
		位置度	⊕
	跳动	圆跳动	↗
		全跳动	↗↗

②形位公差的标注方法：形位公差应用带箭头的指引线与框格形式进行标注，指引线的一端与框格相连，带箭头端指向被测要素公差带宽度方向或直径方向。框格内填写的内容规定如图2-74（a）所示。

基准代号如图2-74（b）所示。

当被测要素或基准为轮廓要素时，指引线箭头应指向被测要素的轮廓线或其延长线，基准符号应靠近轮廓线或其延长线；箭头或基准符号应明显地与尺寸线错开。

当被测要素或基准为中心要素时，指引线箭头或基准符号应与有关尺寸线对齐。

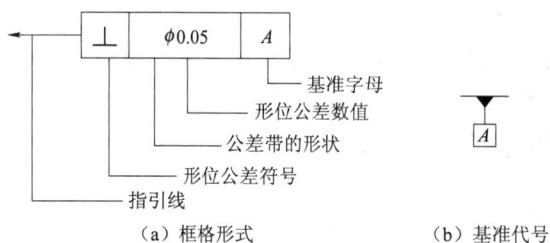

（a）框格形式　　　（b）基准代号

图2-74　形位公差的标注方向

如图2-75所示为形位公差代号的标注示例。

（3）表面结构的图样表示方法

表面结构是表面粗糙度、表面波纹度、表面缺陷、表面纹理和表面几何形状的总称。表面结构的各项要求在图样上的表示方法在国家标准GB/T 131—2006中有具体的规定。本书主要介绍常用的表面粗糙度表示方法，其他内容感兴趣的同学可自行查阅相关资料。

零件经过机械加工后的表面上会留有许多微小的凸峰和凹谷，这些由微小间距和峰谷所组成的微观几何形状特性就称为表面粗糙度。表面粗糙度常用的评定参数有轮廓算术平均偏差 Ra 和轮廓最大高度 Rz。

①表面粗糙度的符号和代号如表2-7所示。

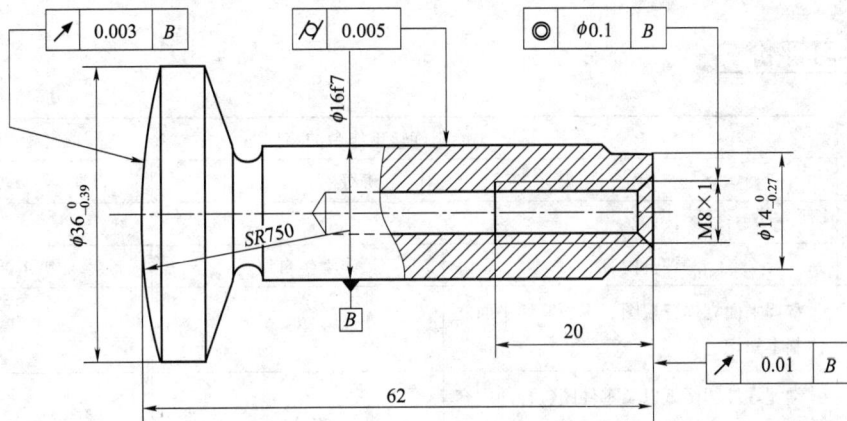

图 2 - 75　形位公差及其标注示例

表 2 - 7　表面粗糙度的符号及含义

表面粗糙度符号	意义及说明
	基本符号，表示表面可用任何方法获得。当不加注粗糙度参数值或有关说明（如表面处理、局部热处理状况等）时，仅适用于简化代号标注
	基本符号加一短划，表示表面是用去除材料的方法获得，如车、铣、钻、磨、剪切、抛光、腐蚀、电火花加工、气割等
	基本符号加一小圆，表示表面是用不去除材料的方法获得，如铸、锻、冲压变形、热轧、粉末冶金等。或者用于保持原供应状况的表面（包括保持上道工序的状况）

②表面粗糙度在图样中的标注：表面粗糙度符号或代号一般应标注在可见轮廓线、尺寸界线或其延长线上。其符号应从材料外指向并接触材料表面，必要时，表面粗糙度也可用带箭头或黑点的指引线引出标注。同一零件图中，每个表面一般应标注一次表面粗糙度符号或代号，其符号和数字的方向如图 2 - 76 所示。

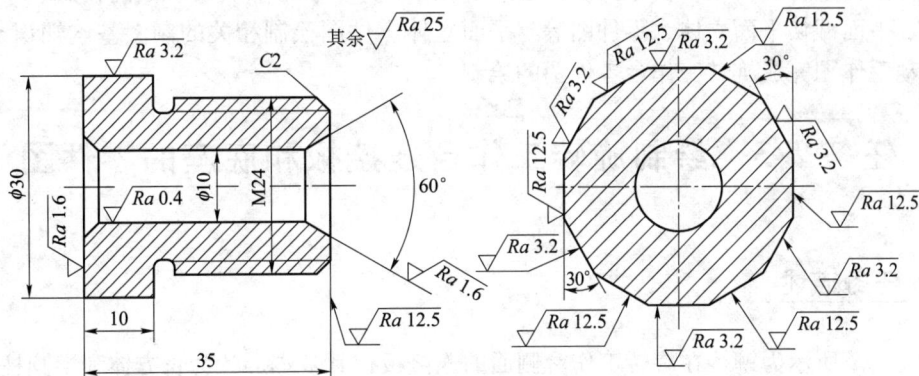

图 2 - 76　表面粗糙度的标注方法

学习评价

任务名称	绘制旋转工作台的零件图						
学习小组		组长		班级		日期	
组员							
序号	评价内容		学生自评		小组评价		
知识目标	掌握平面立体三视图、平面截切平面立体基本知识						
	掌握零件图图纸以及零件图包含的内容的相关机械制图国家标准						
	掌握机械制图国家标准中有关比例、图线的相关规定						
能力目标	能够正确选择零件图纸并合理布置零件图的内容						
	能够正确合理选择比例、图线并采用规定的字体来表达零件的结构						
	能够正确使用绘图工具和仪器						
	能够完成旋转工作台零件图的绘制						
职业行为	观察、分析、交流、评价、合作的能力						
教师综合评价							

任务小结

在按步骤进行旋转工作台零件图的绘制过程中，分步学习点、线、面的投影、平面立体的投影、平面截切平面立体、零件图等与平面立体零件图绘制相关的制图基本知识与技能，并实际动手作图完成旋转工作台零件图的绘制。

任务 2.3 绘制旋转工作台连接板和底座的零件图

任务描述

图 2-77 所示为铆接在旋转工作台侧面的连接板，其基本形状为长方体和半圆柱体的组合，表面上有一个圆孔。利用圆孔可以穿过螺栓将旋转工作台与旋转工作台座共同组合成旋转工作台部件，该部件可沿立柱升降或绕立柱旋转，以满足加工孔所需的各种工作位置。本

任务之一，就是要利用旋转工作台连接板的实物测绘出它的所有尺寸，并完成旋转工作台连接板零件图的绘制。

图 2-78 所示为小型台钻的底座，它是整个台钻的基础零件，所有零件都直接或间接地固定在底座上。底座的基本形状为底部镂空的长方体，其表面有两条 T 形槽和几个安装孔。T 形槽可以穿过螺栓将工件或夹持工件的虎钳等夹具固定在底座工作台面上；安装孔有的用于穿过螺栓实现对台钻的固定，有的用于与立柱的连接。本任务之二，就是要利用底座的实物测绘出它的所有尺寸，并完成底座零件图的绘制。

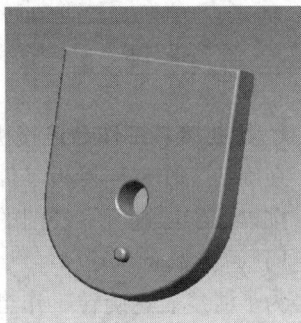

图 2-77　旋转工作台连接板

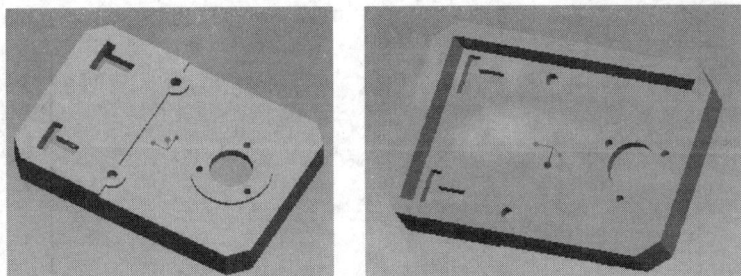

图 2-78　台钻底座

知识目标

（1）掌握平面立体三视图、平面立体被截切、圆周等分、圆弧连接的基本知识。
（2）掌握零件图图纸以及零件图包含的内容的相关机械制图国家标准。

能力目标

（1）能够正确选择零件图图纸并合理布置零件图的内容。
（2）能够正确合理选择比例、图线并采用规定的字体来表达零件的结构。
（3）能够正确使用绘图工具和仪器。
（4）能够完成旋转工作台连接板和底座零件图的绘制。

任务分析

在对旋转工作台连接板和底座进行测绘的基础上，通过复习以前所学的相关机械制图知识，以及圆周等分、圆弧连接等知识，能够独立地完成对旋转工作台连接板和底座两个零件的分析，并弄懂画旋转工作台连接板和底座零件图所涉及的平面立体知识。

利用绘图工具，结合旋转工作台连接板和底座的零件实物，用手工作图的方法分别完成旋转工作台连接板和底座零件图的绘制。

任务实施

1. 绘制旋转工作台连接板零件图

在旋转工作台连接板零件图的绘制过程中，要求在完成对旋转工作台连接板的零件分析后，按以下步骤进行零件图的绘制。

1）画图框和标题栏

为了清楚表达旋转工作台连接板，根据其具体尺寸，在绘制旋转工作台连接板零件图时，应选用 A4 图纸并纵置使用，按照国标对图纸幅面尺寸和标题栏的具体要求，绘制出旋转工作台零件图的图框和标题栏，如图 2-79 所示。

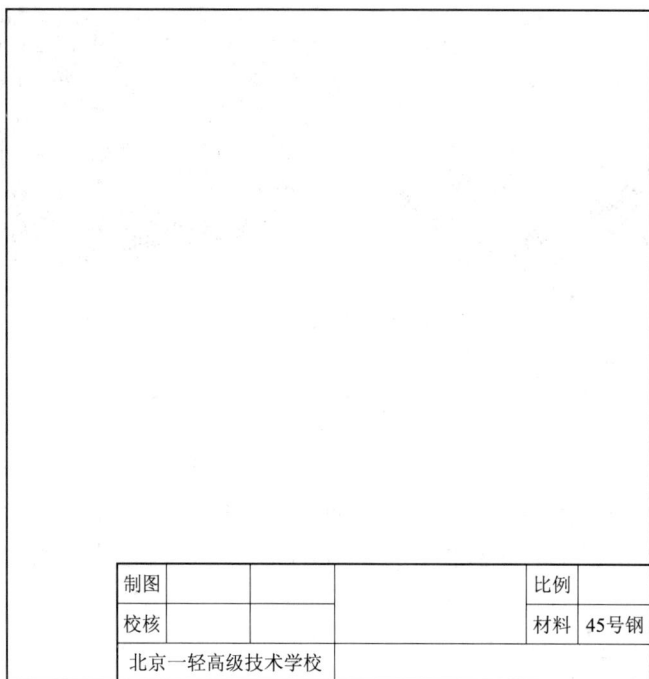

制图			比例	
校核			材料	45号钢
北京一轻高级技术学校				

图 2-79　图框和标题栏

2）零件测绘

旋转工作台连接板是经过铣、钻等切削加工而制成的零件。因此测量工具仍选用游标卡尺。测绘方法和步骤如下。

（1）测量旋转工作台连接板形状尺寸。

① 用外端测量爪测量外形尺寸 60 mm、56 mm、14 mm 三个尺寸，如图 2-80（a）所示。

② 用内端测量爪测量圆孔的形状尺寸 $\phi12$ mm 和 $\phi5$ mm 两个尺寸，如图 2-80（b）所示。

（2）测量并计算旋转工作台连接板孔的位置尺寸 26 mm 和 16 mm，如图 2-80（c）所示。

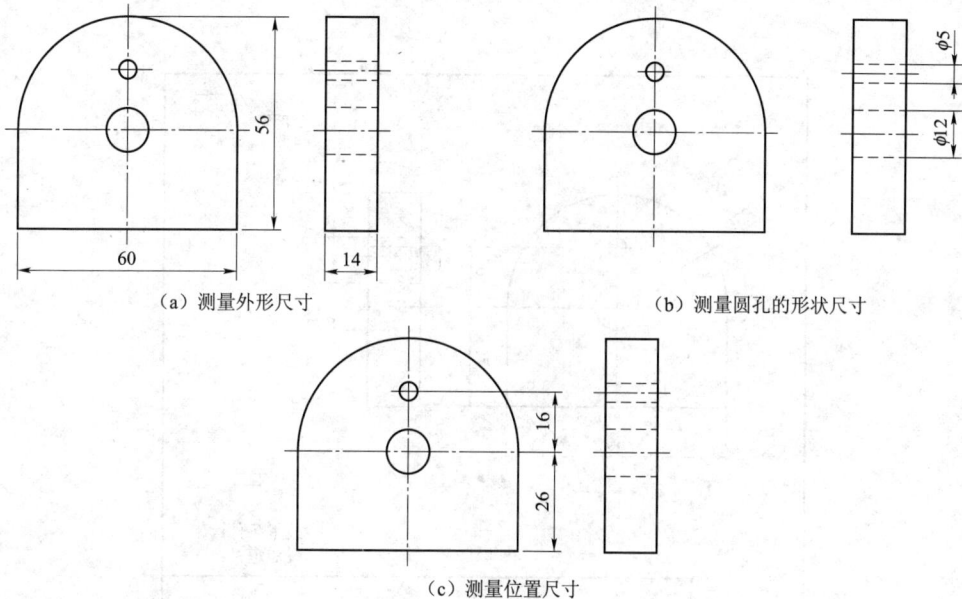

（a）测量外形尺寸　　　　　　　　　　（b）测量圆孔的形状尺寸

（c）测量位置尺寸

图 2-80　测量旋转工作台连接板的尺寸

3）画旋转工作台连接板的三视图

画旋转工作台连接板的三视图并标注尺寸、尺寸公差、形位公差及表面粗糙度。

旋转工作台连接板的结构简单，因此，选择视图时将旋转工作台连接板以工作位置放置设为主视图。根据图纸的大小，旋转工作台连接板的三视图选择 1:1 的比例进行绘制。画图的重点在于圆弧与直线连接的作图方法。

旋转工作台连接板同旋转工作台一样，都是对配合要求较低的工件，因此在标注尺寸公差、形位公差及表面粗糙度时，主要是考虑加工方法的要求，如图 2-81 所示。

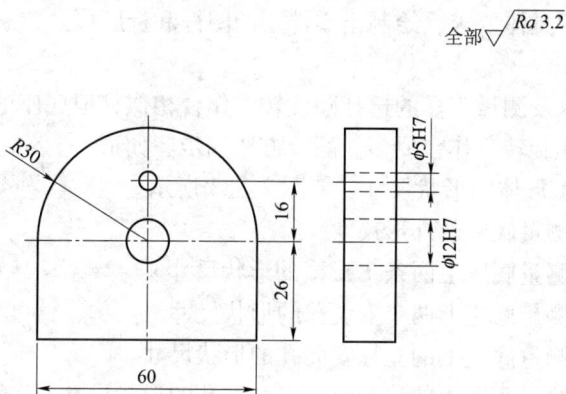

图 2-81　标注完成后的三视图

4）检查图样并加重

检查旋转工作台连接板零件图以及标注，在确认无误后进行图样加重，最后在标题栏中签字。至此旋转工作台连接板零件图全部绘制完成，如图 2-82 所示。

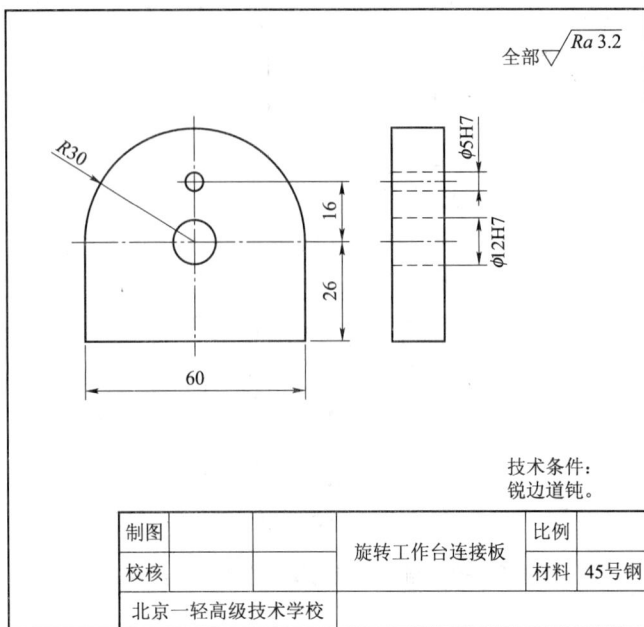

图 2 – 82   旋转工作台连接板的零件图

2. 绘制台钻底座的零件图

底座是台钻的平面立体零件中最复杂的零件。在绘制底座的过程中，要求在完成对底座进行零件分析后，按以下步骤进行零件图的绘制。

1）画图框和标题栏

根据底座的具体尺寸，在绘制底座零件图时，选用 A3 图纸并横置使用，按照国标对图纸幅面尺寸和标题栏的具体要求，绘制出零件图的图框和标题栏。

2）零件测绘

底座的测绘方法以及测量工具的选择同旋转工作台相似，但底座的结构比旋转工作台要复杂，测量的尺寸也比旋转工作台要多。测绘方法和步骤如下。

（1）测量底座各个形体的形状尺寸，如图 2 – 83 所示。

① 用外端测量爪测量底座的外形尺寸。

② 用内端测量爪测量底座上两条 T 形槽的形状尺寸。

③ 用内端测量爪测量底座上两个安装孔的形状尺寸。

④ 用内端测量爪测量底座上的立柱安装孔的形状尺寸。

⑤ 用内端测量爪测量底座上的法兰盘座安装螺孔的形状尺寸。

⑥ 用内端测量爪和深度尺测量底座底部镂空部分的形状尺寸。

（2）测量并计算底座的位置尺寸，如图 2 – 84 所示。

① 测量底座上两条 T 形槽的位置尺寸。

② 测量底座上两个安装孔的位置尺寸。

③ 测量底座上的法兰盘座安装螺孔的位置尺寸。

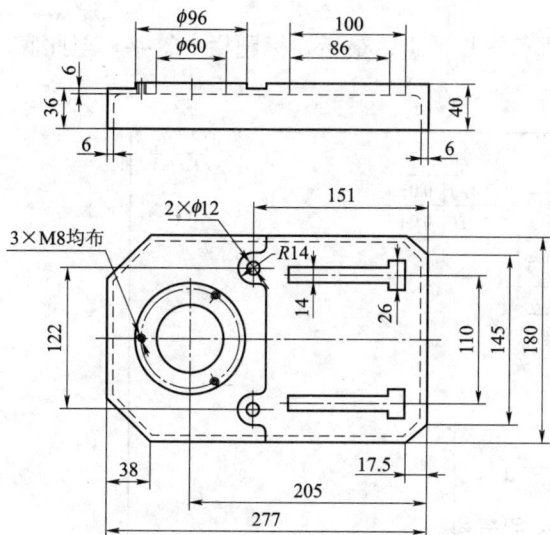

图 2 - 83 测量底座的形状尺寸

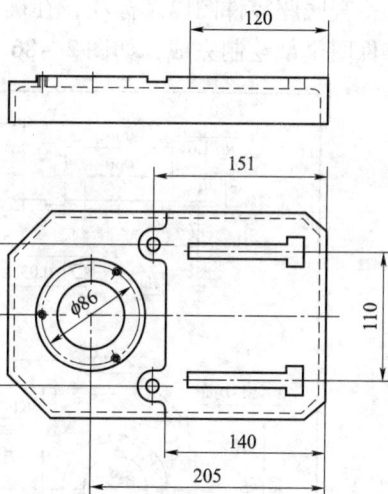

图 2 - 84 测量底座的位置尺寸

3）画底座的三视图

画底座的三视图，标注尺寸、尺寸公差、形位公差及表面粗糙度。

底座同旋转工作台一样，都属于板盖类零件，其主体为高度方向尺寸较小的且底部镂空的长方体。它是在铸造成型后，经过切削加工而制成。选择视图时，将底座以工作位置放置设为主视图。根据图纸的大小，底座的三视图选择 1∶2 的缩小比例进行绘制。

底座也是对配合要求较低的工件，因此在标注尺寸公差、形位公差及表面粗糙度时，主要是考虑加工方法的要求，如图 2 - 85 所示。

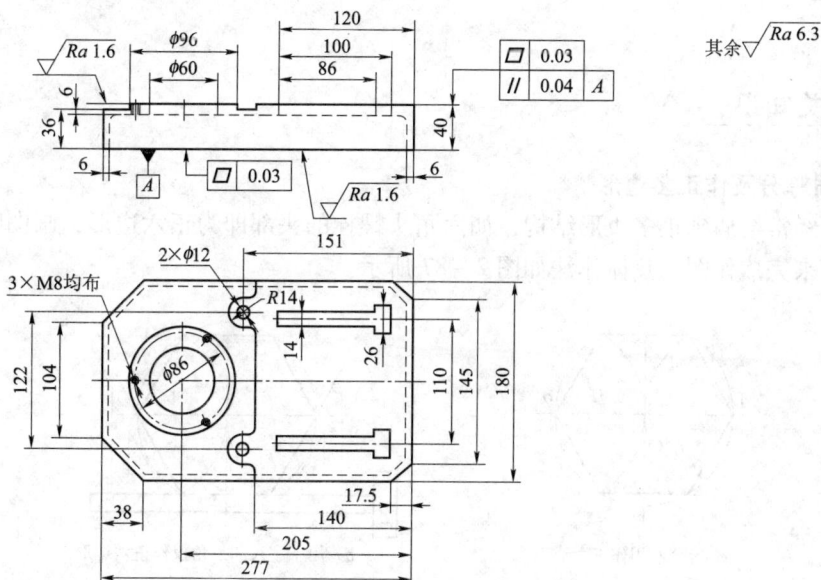

图 2 - 85 标注完成后的三视图

4）检查图样并加重

检查底座零件图以及标注，在确认无误后进行图样加重，最后在标题栏中签字。至此底座零件图全部绘制完成，如图2-86所示。

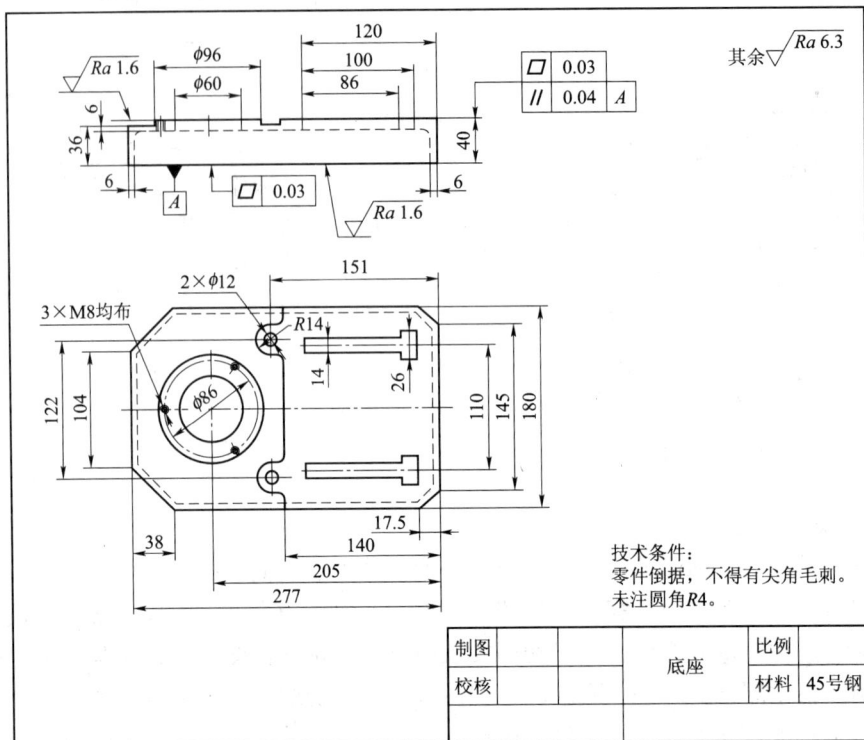

图2-86　底座的完整零件图

相关知识

1. 圆周等分及作正多边形

图样中经常会遇到正多边形结构，如六角头螺栓的头部即为正六边形，画图时就要通过六等分圆周来完成作图，具体作法如图2-87所示。

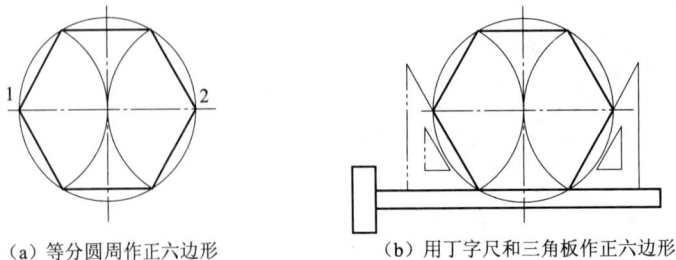

（a）等分圆周作正六边形　　　　（b）用丁字尺和三角板作正六边形

图2-87　圆周的六等分

（1）以水平中心线与圆的交点1、2为圆心，以圆的半径为半径画圆弧，圆弧与圆的交点即为圆周的六等分点，依次连接各分点，即得正六边形，如图 2 – 87（a）所示。

（2）利用丁字尺配合 30°、60°三角板进行作图，也可以对圆周进行六等分，如图 2 – 87（b）所示。

2. 圆弧连接

画工程图样时，经常要进行圆弧连接。圆弧连接是指用已知半径的圆弧圆滑地连接已知线段（圆弧或直线）。在圆弧连接中起连接作用的圆弧称为连接圆弧，连接圆弧与已知线段衔接的点称为连接点。作图时，必须找出连接圆弧的圆心和连接点（切点），这样才能保证连接的光滑。常见的圆弧连接形式及作图方法如表 2 – 9 所示。

表 2 – 9　常见的圆弧连接形式及作图方法

内　容	图　　例	方法和步骤
用连接圆弧连接两已知直线	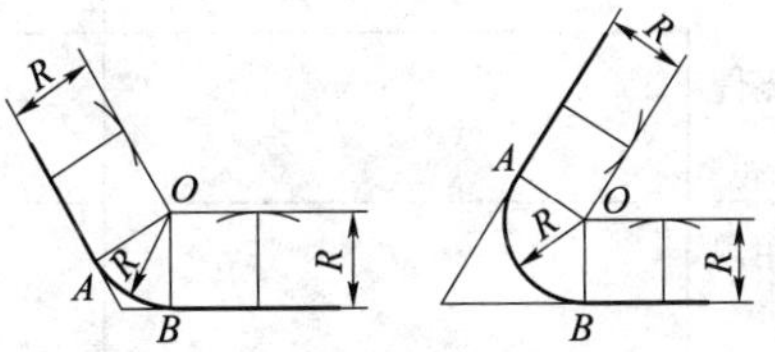	分别作与已知两直线相距为 R 的平行线，交点 O 即为连接圆弧的圆心；从点 O 分别向已知直线作垂线，垂足 A、B 即为连接点；以 O 为圆心，R 为半径，在两连接点 A、B 之间画连接圆弧即为所求
用连接圆弧连接已知直线和圆弧	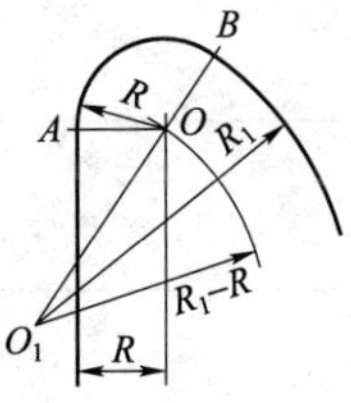	作与已知直线相距为 R 的平行线；再以已知圆弧的圆心 O_1 为圆心，以已知圆弧半径与连接圆弧半径之差（$R_1 - R$）为半径画弧，交点 O 即为连接圆弧的圆心；从点 O 向已知直线作垂线，垂足 A 即为一连接点；连接已知圆弧圆心和点 O 并延长，与已知圆弧的交点 B 即为另一连接点；即可画出连接圆弧
用连接圆弧外连接两已知圆弧	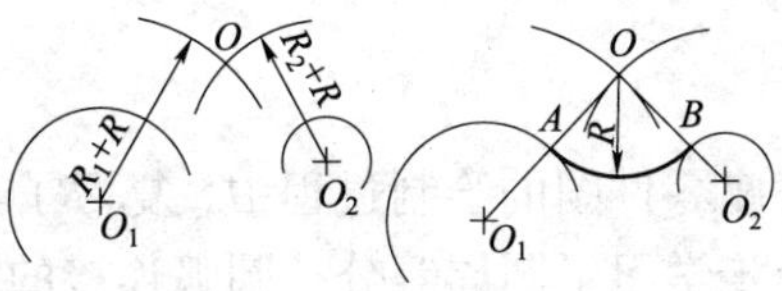	分别以点 O_1、O_2 为圆心，以已知圆弧半径与连接圆弧半径之和（$R + R_1$）、（$R + R_2$）为半径画弧，交点 O 即为连接圆弧的圆心；连接 OO_1、OO_2，与已知圆弧的交点 A、B 即为连接点；画出连接圆弧
用连接圆弧内连接两已知圆弧	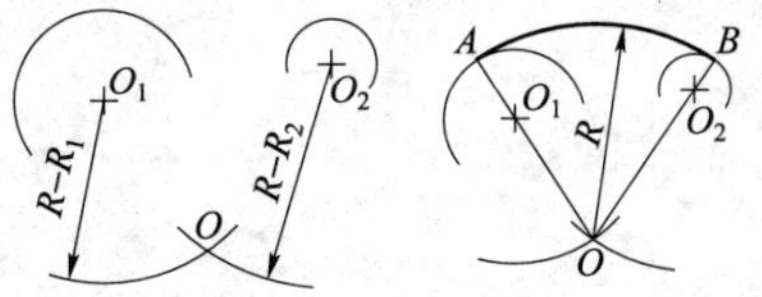	分别以点 O_1、O_2 为圆心，以（$R - R_1$）、（$R - R_2$）为半径画弧，交点 O 即为连接圆弧的圆心；连接 OO_1、OO_2，与已知圆弧的交点 A、B 即为连接点；画出连接圆弧
用连接圆弧内外连接两已知圆弧	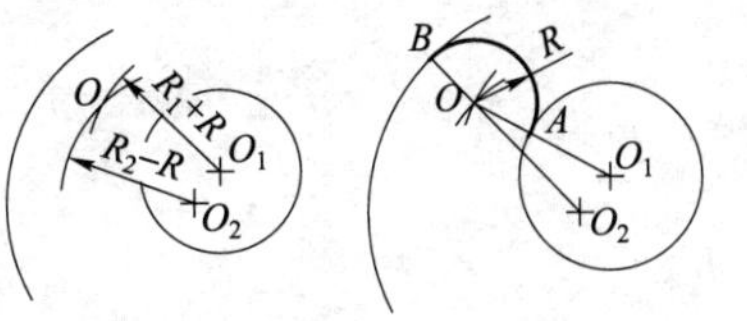	分别以点 O_1、O_2 为圆心，以（$R_1 + R$）、（$R_2 - R$）为半径画弧，交点 O 即为连接圆弧的圆心；连接 OO_1、OO_2，与已知圆弧的交点 A、B 即为连接点，画出连接圆弧

学习评价

任务名称	绘制旋转工作台连接板和底座的零件图					
学习小组		组长		班级		日期	
组员						
序号	评价内容		学生自评		小组评价	
知识目标	掌握平面立体三视图、平面立体被截切、圆周等分、圆弧连接的基本知识					
	掌握零件图图纸以及零件图包含的内容的相关机械制图国家标准					
能力目标	能够正确选择零件图纸并合理布置零件图的内容					
	能够正确合理选择比例、图线并采用规定的字体来表达零件的结构					
	能够正确使用绘图工具和仪器					
	能够完成旋转工作台连接板和底座零件图的绘制					
职业行为	观察、分析、交流、评价、合作的能力					
教师综合评价						

任务小结

在按步骤进行旋转工作台连接板和底座零件图的绘制过程中，复习了与平面立体零件图绘制相关的制图基本知识与技能，同时分步学习了圆周等分、圆弧连接的基本知识，并实际动手作图完成旋转工作台连接板和底座零件图的绘制。

情 景 3

绘制台式钻床中的曲面立体工件图

由曲面围成的立体或由平面与曲面围成的立体统称为曲面立体。曲面立体的形成可以看作是一个封闭的平面几何图形，绕其自身的一条线或绕与其共面但不相交的直线旋转所形成的。常见的曲面立体有圆柱、圆锥、圆球、圆环等，由于它们均是绕轴回转而成，因此也称为回转体。在本情景中，将以立柱和法兰盘座为例，学习曲面立体制图的基本知识，完成对立柱和法兰盘座的测绘及零件图的绘制，并通过绘制立柱和法兰盘座的零件图，对所学的机械制图的基本知识进行巩固和提高。

任务3.1　绘制立柱的零件图

任务描述

台式钻床的立柱是台钻的基本支撑件，如图 3－1 所示，它通过法兰盘座固定在台钻的底座上。台钻的主轴箱、电动机、电气部分、旋转工作台部件等均装载在立柱上，并使它们在工作时保持准确的相互位置，以实现钻孔等孔加工操作。立柱的基本形状为空心圆柱体，本任务中，将利用立柱的实物测绘出它的所有尺寸，并完成立柱零件图的绘制。

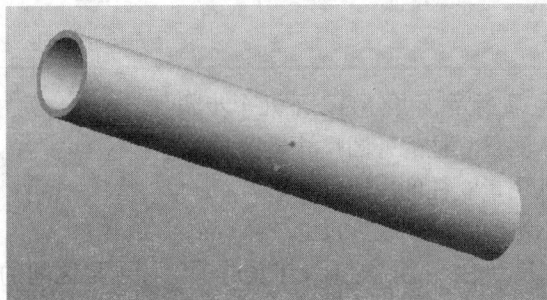

图 3－1　立柱

知识目标

（1）掌握曲面立体三视图、曲面截切体和尺寸注法的基本知识。
（2）掌握曲面立体工件零件测绘的方法和步骤。
（3）掌握机械制图国家标准中有关图线的形式和字体的相关规定。

能力目标

（1）能够正确运用零件测绘的方法和步骤，进行轴类曲面立体零件的具体测绘。
（2）能够根据零件的形状和尺寸，正确运用所学的制图基本知识，完成台式钻床中的立柱零件图的绘制。

任务分析

1. 分析零件图

在对立柱进行测绘的基础上，通过学习曲面立体和平面截切曲面立体的作图知识，能够独立地完成对立柱零件的分析，并弄懂画立柱零件图所涉及的曲面立体知识。

2. 绘制零件图

利用绘图工具，结合立柱的零件实物，用手工作图的方法分别完成立柱零件图的绘制。

任务实施

立柱是台钻的曲面立体零件中最简单的零件。在绘制立柱的过程中，要求在完成对立柱的零件分析后，按以下步骤进行零件图的绘制。

1. 画图框和标题栏

为了清楚表达立柱，根据其具体尺寸，在绘制立柱零件图时，选用 A3 图纸并横置使用，按照国标对图纸幅面尺寸和标题栏的具体要求，绘制出立柱零件图的图框和标题栏。

2. 零件测量

立柱的测量如图 3 - 2 所示，可分为以下几个步骤。
（1）用外端测量爪测量立柱的外圆尺寸 $\phi 48$ mm。
（2）用内端测量爪测量立柱的内圆尺寸 $\phi 40$ mm。
（3）用外端测量爪测量立柱的长度尺寸 360 mm。

在测量立柱各圆周尺寸时，立柱与测量工具——游标卡尺之间的相对角度必须如图 3 - 3 所示，这是能够得出准确测量值的关键。

3. 画立柱的三视图

立柱属于轴类零件，此类零件一般由位于同一轴线上数段直径不同的回转体组成，轴向尺寸一般比径向尺寸大。选择视图时，将立柱以加工位置放置即以非圆视图水平摆放设为主视图。立柱的三视图选择1∶2的缩小比例且轴向尺寸用简化画法进行断开绘制。根据测绘的具体结果，完成立柱的绘制。

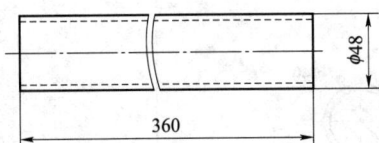

图 3 - 2　立柱的测量

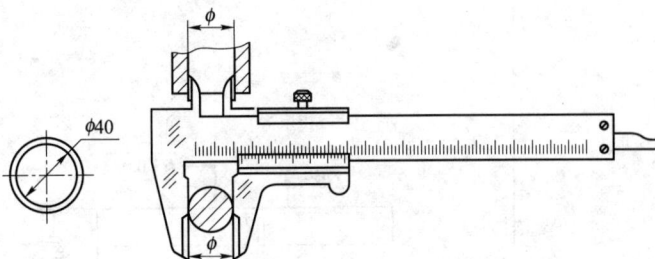

图 3 - 3　立柱与游标卡尺之间的相对角度

（1）用点划线画出轴线和圆的中心线。

（2）画立柱的外轮廓，用粗实线表示，如图 3 - 4 所示。

① 画主视图，即反映圆柱长度的矩形，并利用波浪线进行断开绘制。

② 画左视图，即反映圆柱的顶面及底面实形的圆。

（3）画立柱的内孔的轮廓，主视图用虚实线表示，如图 3 - 5 所示。

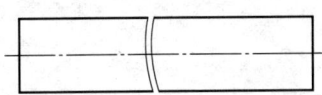

图 3 - 4　画立柱的外轮廓

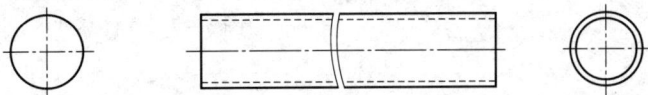

图 3 - 5　画立柱的内孔轮廓

4. 标注尺寸、尺寸公差、形位公差及表面粗糙度

在对立柱进行标注时，首先应注意立柱与法兰盘座之间是通过过渡配合而实现连接的，其次应注意立柱要与主轴箱部件和旋转工作台部件存在装配关系，因此在标注尺寸公差、形位公差及表面粗糙度时，除了需要考虑加工方法的要求以外，还要考虑立柱与法兰盘座之间的过渡配合连接以及其与部件的装配关系。本工件是厚壁钢管经过车削加工而成形。因此其标注尺寸公差、形位公差及表面粗糙度，如图 3 - 6 所示。

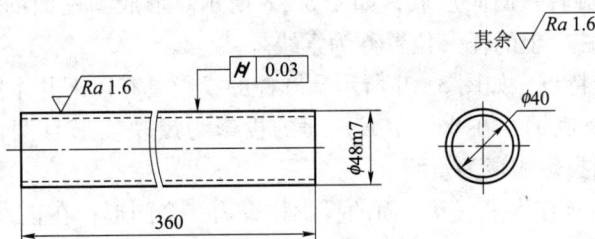

图 3 - 6　标柱完成后的三视图

5. 检查图样并加重

检查立柱零件图以及标注，在确认无误后进行图样加重，最后在标题栏中签字。至此立柱零件图全部绘制完成，如图 3 - 7 所示。

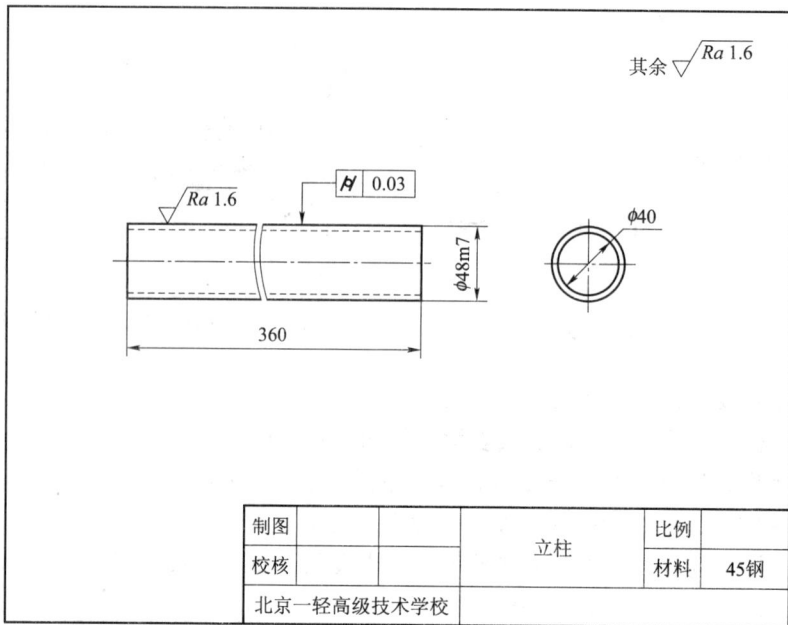

其余 $\sqrt{Ra\,1.6}$

$Ra\,1.6$

H 0.03

$\phi48m7$

$\phi40$

360

制图			比例	
校核		立柱	材料	45钢
北京一轻高级技术学校				

图 3 - 7　立柱零件图

相关知识

1. 曲面立体的投影

曲面立体即至少有一个表面为曲面的立体，实际中应用较多的曲面立体是回转体，如圆柱、圆锥、圆球、圆环等。回转体是由母线绕轴线回转而形成的立体。在投影图上表示回转体就是把组成它的回转面或平面表示出来，然后判别其可见性。

1）圆柱

圆柱是由圆柱面和上下两个面所组成。圆柱面是由一平面矩形（ABO_1O_2），以其一条边（O_1O_2）为轴，绕轴旋转一周而形成，如图 3 - 8 所示。形成圆柱面的矩形的一条边称为母线（AB），母线在圆柱面上的任一位置称为素线。

（1）圆柱的投影特点。如图 3 - 9 所示，圆柱的投影具有以下几个特点。

① 圆柱的顶面及底面，在水平（H）面的投影为反映实形且两面重合的圆形，在正（V）面和侧（W）面投影积聚为直线。

② 圆柱的圆柱面，在水平（H）面的投影积聚为一个圆形；在正（V）面和侧（W）面投影为圆柱面转向轮廓线（即为圆柱面可见与不可见部分的分界线）的投影，即正（V）面投影为圆柱面最左、最右两条素线 AB、EF 的投影，侧（W）面投影为圆柱面最前、最后两条素线 CD、GH 的投影。

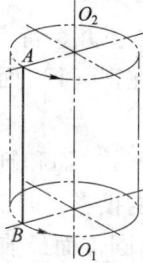

图 3 - 8　圆柱的形成

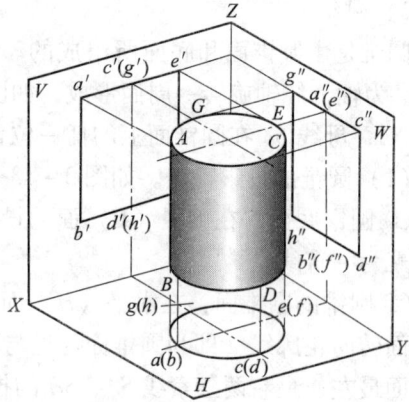

图 3 - 9　圆柱的投影情况

（2）圆柱投影图的作图步骤：

① 用点划线画出轴线和圆的中心线；

② 画水平投影，即反映圆柱的顶面及底面实形的圆；

③ 根据圆柱的高，画正（V）面和侧（W）面投影。

此外需注意，圆柱面左、右两条素线的侧面投影 $a''b''$、$e''f''$ 重合于侧面投影的中心线上，圆柱面前、后两条素线的正面投影 $c'd'$、$g'h'$ 重合于正面投影的中心线上，且均不画出，如图 3 - 10 所示。

显然，对于正（V）面投影而言，圆柱面的前半个圆柱面是可见的，而后半个圆柱面是不可见的；对于侧（W）面投影而言，圆柱面的左半个圆柱面是可见的，而右半个圆柱面是不可见的；对于水平（H）面投影而言，圆柱的顶面是可见的，而底面是不可见的。

（3）圆柱表面上取点。如图 3 - 11 所示，在圆柱表面上取点时，需根据点在圆柱表面上的位置（在顶面、底面或圆柱面上）进行判断和作图。在图 3 - 11 中，由立体图可知：点 M 在前半个和左半个圆柱面上，因此点 M 的正（V）面投影 m' 是可见的，其水平投影 m 必定落在前半圆柱面具有积聚性的水平投影（圆）上。由点 m、m' 根据投影规律可求出点 m''，点 m'' 也是可见的。

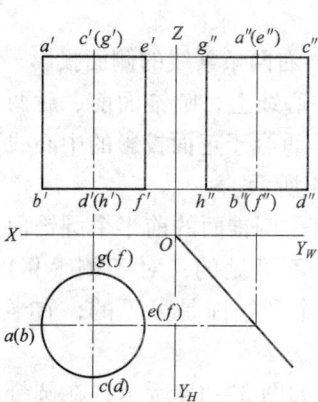

图 3 - 10　圆柱三面投影

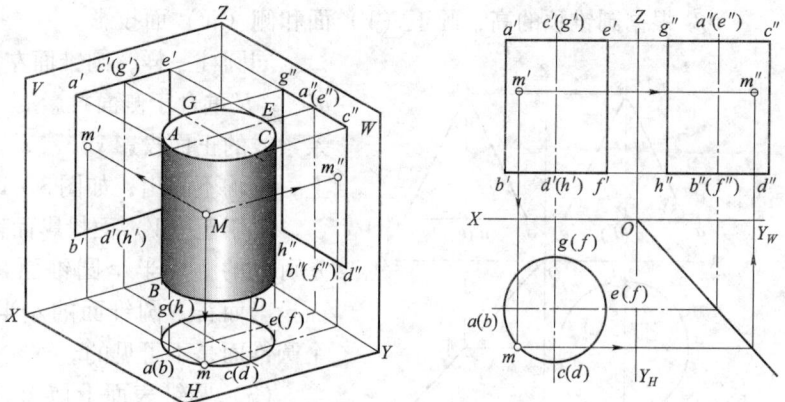

图 3 - 11　圆柱表面上取点

2）圆锥

圆锥是由圆锥面和底面所组成的。圆锥面是由直角三角形（*SAO*）以其的一条直角边（*SO*）为轴，绕轴旋转一周而形成，如图 3 – 12 所示。形成圆锥面的直角三角形的斜边称为母线 *SA*，母线 *SA* 在圆锥面上的任一位置称为素线。

（1）圆锥的投影特点。如图 3 – 13 所示，圆锥的投影具有以下几个特点。

① 圆锥底面，在水平（*H*）面的投影为反映实形的圆形，在正（*V*）面和侧（*W*）面投影积聚为一直线。

② 圆锥的圆锥面，在水平（*H*）面的投影为一个圆；在正（*V*）面和侧（*W*）面投影为圆锥面转向轮廓线（即为圆锥面可见与不可见部分的分界线）的投影，即正（*V*）面投影为圆锥面最左、最右两条素线 *SA*、*SB* 的投影，侧（*W*）面投影为圆锥面最前、最后两条素线 *SC*、*SD* 的投影。

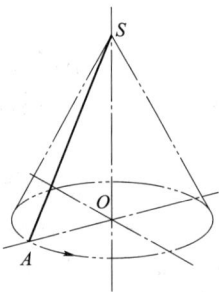

图 3 – 12　圆锥的形成

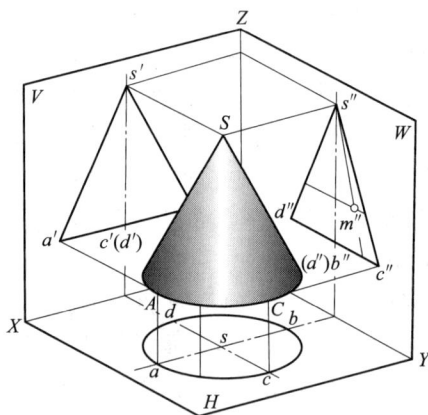

图 3 – 13　圆锥的投影情况

（2）圆锥投影图的作图步骤：

① 用点划线画出轴线和圆的中心线；

② 画水平投影，即反映圆锥的底面实形的圆；

③ 根据圆锥顶的高，画正（*V*）面和侧（*W*）面投影。

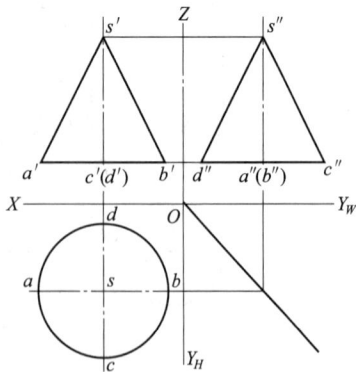

图 3 – 14　圆锥三面投影

同圆柱一样，圆锥面左、右两条素线的侧面投影 *s″a″*、*s″b″* 重合于侧面投影的中心线上，圆锥面前、后两条素线的正面投影 *s′c′*、*s′d′* 重合于正面投影的中心线上，且均不画出，如图 3 – 14 所示。

对于正（*V*）面投影而言，圆锥面的前半个圆锥面是可见的，后半个圆锥面是不可见的；对于侧（*W*）面投影而言，圆锥面的左半个圆锥面是可见的，右半个圆锥面是不可见的。

（3）圆锥表面上取点。如图 3 – 15 所示，在圆锥表面上取点可根据圆锥面的形成特性来作图。在图 3 – 15 中，由立体图可知：点 *M* 在前半个和左半个圆锥面上，因此已知点 M 的正面投影 m′，可采用素线法或纬圆法求出点 M 的水平投影点 m 和侧面投影点 m″。

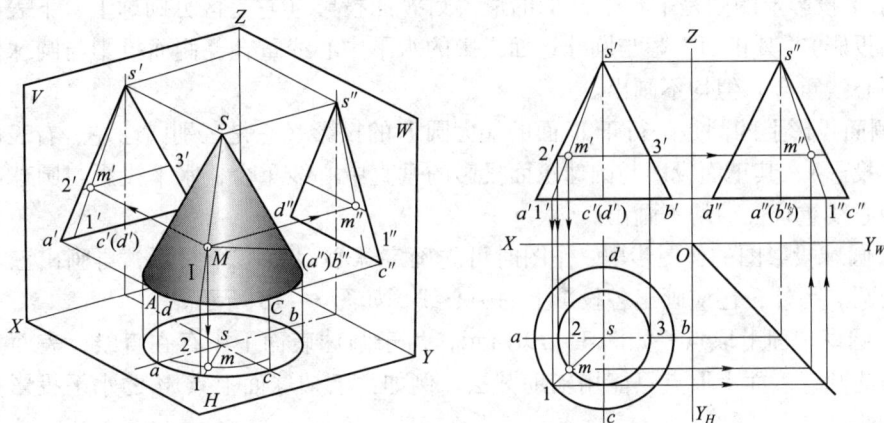

图 3-15   圆锥表面上取点

① 素线法：过锥顶 S 和点 M 作一辅助素线 S Ⅰ，由于点 Ⅰ 是圆锥底面上的一点，因此根据已知条件可以确定 S Ⅰ 的正面投影 s′1′，并根据投影规律可求出它的水平投影 s1 和侧面投影 s″1″。再由于 m′ 在 s′1′ 上，根据点在直线上的投影性质，点 m 和 m″ 一定在 s1 和 s″1″。根据投影规律可求出点 M 的水平和侧面投影点 m 和 m″。

② 纬圆法：过点 M 作一平行于圆锥底面的辅助纬圆，该圆的正面投影为过点 m′ 的水平直线段 2′3′，它的水平投影为一直径等于线段 2′3′ 长度的圆。由于点 m′ 为可见投影，因此点 m 必在纬圆的前半圆周上。根据投影规律可求出点 M 的侧面投影点 m″。

3）圆球

圆球的表面特征是球面。圆球面是以一个圆的直径为轴，绕轴旋转半周而形成，如图 3-16 所示。

（1）圆球的投影特点。如图 3-17 所示，圆球的三面投影均为圆，且直径与圆球直径相等，但三个投影面上的圆是不同的转向轮廓线的投影。

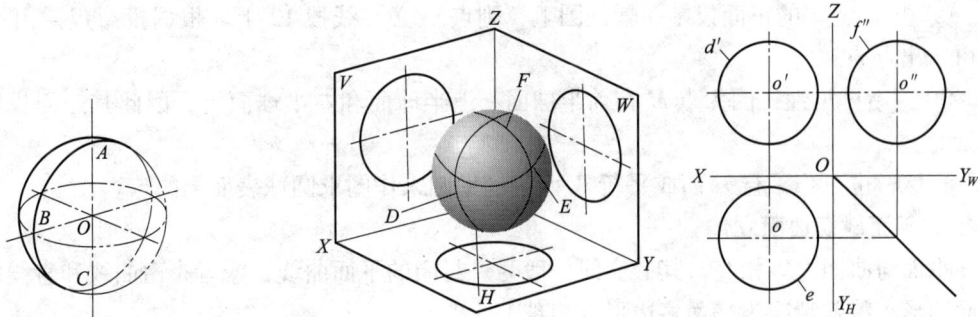

图 3-16   圆球的形成

图 3-17   圆球的投影情况

① 正面投影上的圆是平行于 V 面的最大圆 D 的投影（它是区分圆球前、后表面的转向

轮廓线的投影），其水平投影与圆球水平投影的水平中心线重合，侧面投影与圆球侧面投影的垂直中心线重合，但均不画出。

② 水平投影上的圆是平行于 H 面的最大圆 E 的投影（它是区分圆球上、下表面的转向轮廓线的投影），其正面投影与圆球正面投影的水平中心线重合，侧面投影与圆球侧面投影的水平中心线重合，但均不画出。

③ 侧面投影上的圆是平行于 W 面的最大圆 F 的投影（它是区别圆球左、右表面的转向轮廓线的投影），其正面投影与圆球正面投影的垂直中心线重合，水平投影与圆球水平投影的垂直中心线重合，但均不画出。

（2）圆球投影图的作图步骤：作图时可先确定球心 O 的三个投影，再画出三个与圆球等直径的圆。另外，还应画出各投影上的中心线，如图 3 – 18 所示。

（3）圆球表面上取点。如图 3 – 19 所示，由于圆球表面上不存在直线，表面投影无积聚性，因此圆球表面上取点只能用辅助圆法。例如：已知球面上点 M 的水平投影点 m，求点 m' 和 m"。

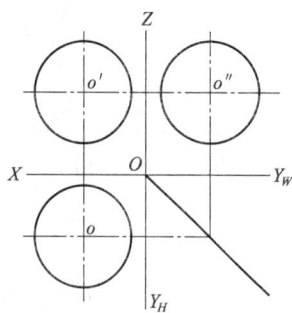

图 3 – 18　圆球三面投影

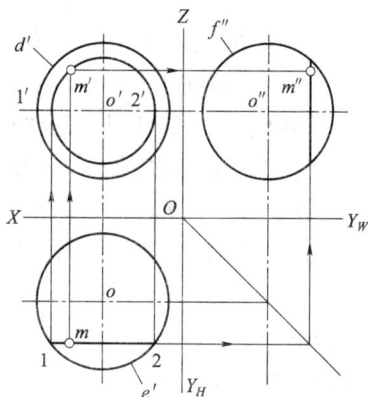

图 3 – 19　圆球表面上取点

① 过点 m 作一平行于 V 面的辅助圆，它的水平投影为线段 12，正面投影为直径等于线段 12 长度的圆。

② 由于点 m' 的正面投影在辅助圆上，则点 m 必在线段 12 上。根据投影规律由点 m 和 m' 可求出点 m"。

③ 判断可见性：因为点 M 在前半球面、上半球面和左半球面上，因此其三面投影都是可见的。

当然，也可作平行 H 面或平行 W 面的辅助圆来作图求圆球表面上的点。

2. 平面截切曲面立体

平面与曲面立体相交，其截交线一般为一封闭的平面曲线，或者是由曲线和直线围成的平面图形，特殊情况为平面多边形（直线）。

1）平面与圆柱相交

圆柱被平面截切后所产生的截交线形状因截平面与圆柱轴线的相对位置不同而有三种情况：矩形、圆和椭圆，如表 3 – 1 所示。

表 3 - 1　平面与圆柱的截交线

图例			
截交线形状	截平面与轴线平行，截交线为矩形	截平面与轴线垂直，截交线为垂直于轴线的圆	截平面与轴线倾斜，截交线为椭圆

　　因截交线为矩形和圆的情况为特殊情况，可直接做出。因此，本文着重讨论截交线为椭圆的情况。如图 3 - 20 所示为圆柱被正垂面截切，其具体作图步骤如下。

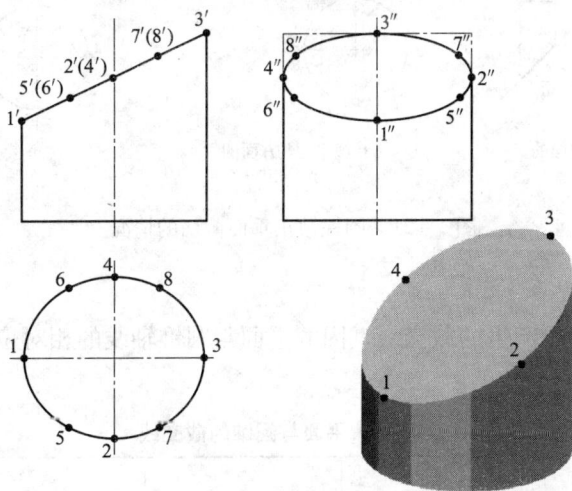

图 3 - 20　圆柱被正垂面截切

　　（1）分析。由于平面与圆柱的轴线斜交，因此截交线为一椭圆。截交线的正面投影积聚为一直线，其水平投影则与圆柱面的投影重合积聚为圆。其侧面投影可根据投影规律和圆柱面上取点的方法求出。

　　（2）求点。

　　① 求特殊点。特殊点即截交线上的最高、最低、最前、最后、最左、最右以及轮廓线上的点。特别指出，在轮廓线上的点一定要求出，在图 3 - 20 中轮廓线上的点与最左、最右、最前、最后点重合。对于椭圆首先要找出长、短轴的四个端点。其分别位于圆柱面的最左、最右、最前、最后素线上。这些点的水平投影分别是 1、2、3、4；正面投影是 1′、2′、3′、4′，根据投影规律作出侧面投影 1″、2″、3″、4″，根据这些特殊点即可确定截交线的大致范围。

　　② 求一般点。可选取任意位置，作出若干个一般点，并根据投影规律和圆柱面上取点的方法作出其各个投影。

（3）连线。将这些点的同面投影依次光滑地连接起来，可见的连成粗实线（该图中均为粗实线），不可见的连成虚线，就得到截交线的投影。

在图 3 – 21 中列举了圆柱被正垂面截切的三种情况：当截平面与 H 面的倾角大于 45°时，侧面投影上椭圆的长轴与圆柱轴线平行，如图 3 – 21（a）所示；当截平面对 H 面的倾角小于 45°时，侧面投影上椭圆的长轴与圆柱轴线垂直，如图 3 – 21（b）所示；当截平面与 H 面的倾角等于 45°时，截交线的侧面投影为圆，其半径即为圆柱半径，如图 3 – 21（c）所示。

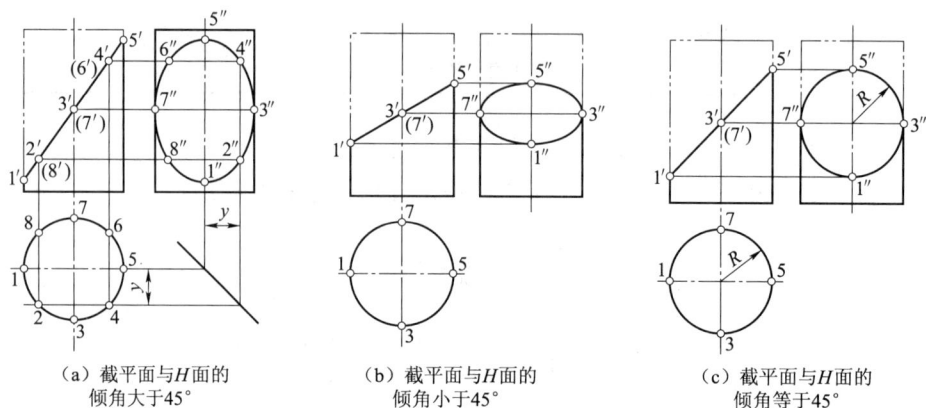

（a）截平面与 H 面的倾角大于 45°　（b）截平面与 H 面的倾角小于 45°　（c）截平面与 H 面的倾角等于 45°

图 3 – 21　圆柱被正垂面截切的情况

2）平面与圆锥相交

圆锥被平面截切后所产生的截交线，因截平面与圆锥轴线的相对位置不同有以下几种情况，如表 3 – 2 所示。

表 3 – 2　平面与圆锥的截交线

图例					
截交线形状	截平面与轴线垂直，截交线为垂直于轴线的圆	截平面与轴线倾斜，截交线为椭圆	截平面平行于一条素线，截交线为抛物线	截平面与轴线平行，截交线为双曲线	截平面过锥顶，截交线为三角形

（1）圆锥被正垂面截切，如图 3 - 22 所示，其作图步骤如下。

① 分析。该截平面倾斜于圆锥轴线，截交线的正面投影积聚为一直线，因为截平面与轴线倾斜，且与所有素线相交，因此截交线为一椭圆（与表 3 - 2 中第二种情况相似）。

② 求点。

· 求特殊点。由截交线和圆锥面最左、最右素线正面投影的交点 1′、2′根据投影规律可求出水平投影 1、2 和侧面投影 1″、2″；上述点就是水平投影椭圆长轴的三面投影。取 1′、2′的中点，即为水平投影椭圆短轴有积聚性的正面投影 3′、4′。过 3′、4′按圆锥面上取点的纬圆法作辅助水平圆，作出该水平圆的水平投影，根据投影规律求得 3、4 及 3″、4″。而 3′、

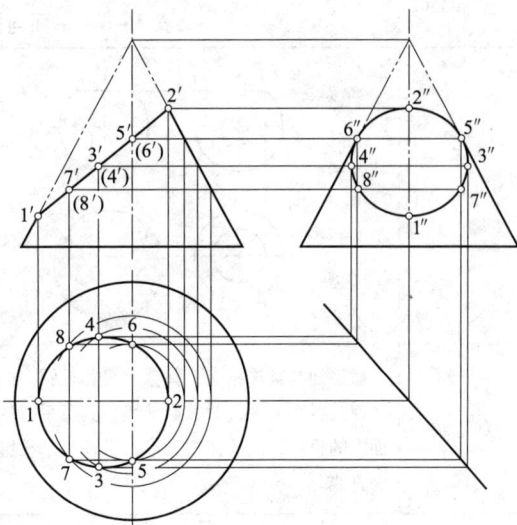

图 3 - 22 圆锥被正垂面截切

4′，3、4 及 3″、4″同时为侧面投影椭圆长轴的三面投影，1′、2′，1、2 和 1″、2″就是侧面投影椭圆短轴的三面投影。

· 求一般点。为了准确地画出截交线，继续使用纬圆法选取任意位置，作出若干个一般点。特别要注意，圆锥面上最前和最后转向线上的点 5′、6′，5、6 和 5″、6″是必须要求出的。

③ 连线：依次连接各点的同面投影即得截交线的水平投影与侧面投影。

（2）如图 3 - 23 所示，圆锥被一侧平面所截切。其作图步骤如下。

① 分析。由于截平面平行于圆锥轴线，所以截交线在圆锥面上为双曲线（与表 3 - 2 中第四种情况相似）。它的水平投影与正面投影均积聚为一直线，要求作的是截交线的侧面投影。

② 求点。

· 求特殊点。截平面与正面轮廓线的交点是双曲线的最高点，截平面与圆锥底圆的交点是最低点，即点 1、2、3 的三面投影都可直接作出。

· 求一般点。一般点可先在截交线的已知投影上选取，然后过点在圆锥面上作辅助素线或纬圆求出其他投影。图 3 - 23 中用素线法求出两个一般点。同理，可作出其他一般点。

③ 连线：依次光滑地连接各点即得截交线的侧面投影。

2）平面与圆球相交

平面与圆球相交，其截交线都是圆。但

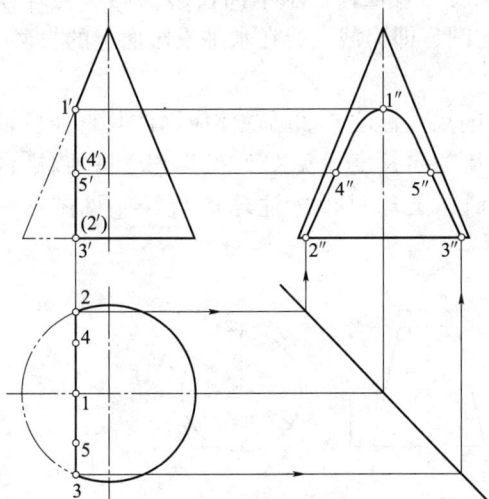

图 3 - 23 圆锥被侧平面截切

由于截平面与球体相交的位置不同有下列两种情况，如表 3 - 3 所示。

表 3 - 3   平面与圆球的截交线

图例		
截交线形状	截平面与圆球相交，其截交线总是圆。当截切平面是投影面平行时，截交线在其所平行的投影面上的投影，反映圆的实形，另外两个投影积聚为直线	截平面是投影面垂直面时，截交线在其所垂直的投影面上的投影积聚为直线，另外两个投影为椭圆

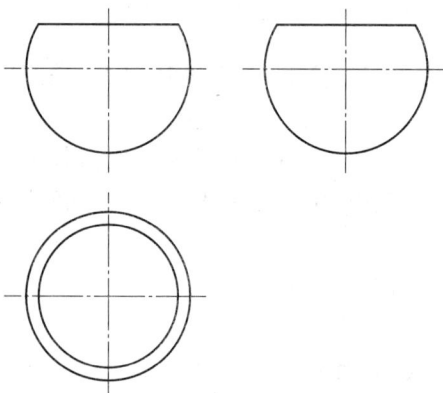

图 3 - 24   圆球被水平面截切

如图 3 - 24 所示，为一球体被一水平面所截切。其作图步骤如下。

（1）分析。因为圆球被平行于某一投影面的平面截切，所以截交线在该投影面上的投影为圆的实形，其他两面投影积聚为直线（与表 3 - 3 中第一种情况相似）。

（2）作图。

① 作正面和侧面投影，其正面和侧面投影积聚为直线。

② 作水平面投影，以正面或侧面投影的直线长度为直径，在水平面投影面画一与球体同心的圆，即为截交线在水平投影面上的投影。

3. 曲面基本体的尺寸标注

图 3 - 25 所示为四个常见的回转面基本形体的尺寸标注，如圆柱体应标注其直径及轴向长度 ［见图 3 - 25 （a）］；圆锥应标注底圆直径及轴向长度 ［见图 3 - 25 （b）］；圆锥台应标注两底圆直径及轴向长度 ［见图 3 - 25 （c）］；圆球只须标注球体直径 ［见图 3 - 25 （d）］。

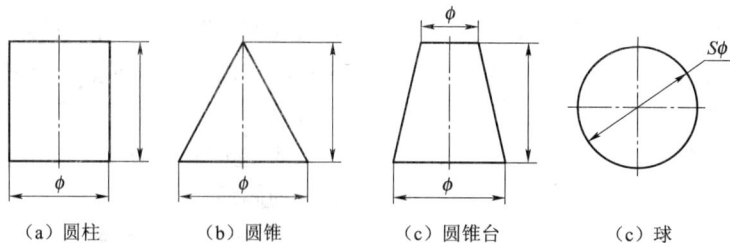

（a）圆柱   （b）圆锥   （c）圆锥台   （c）球

图 3 - 25   曲面基本体的尺寸标注

当在基本形体上遇到切割、开槽时，除标注出其基本形体的尺寸外，对切割与开槽，还应标注出截平面位置的尺寸，如图 3-26 所示。根据上述尺寸，其截交线便自然形成，因此不应在这些交线上标注尺寸。如图中在尺寸线上画有"×"的尺寸，既是多余，又是与其他尺寸发生矛盾的尺寸，因此均不应该注出。

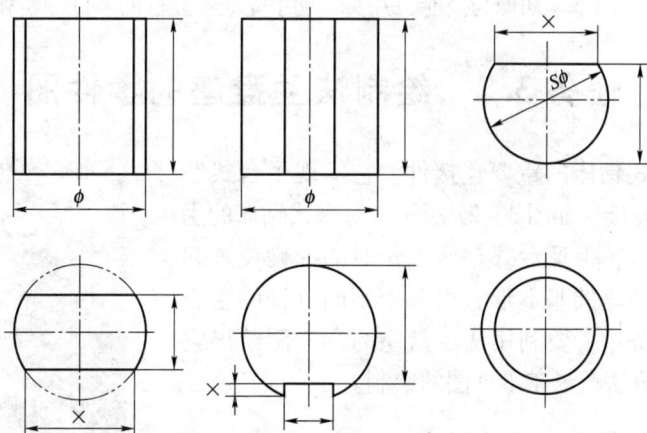

图 3-26　曲面基本体被截切的尺寸标注

![学习评价]

任务名称	绘制立柱的零件图					
学习小组		组长		班级		日期
组员						
序号	评价内容		学生自评		小组评价	
知识目标	掌握曲面立体三视图、曲面截切体和尺寸注法的基本知识					
	掌握曲面立体工件零件测绘的方法和步骤					
	掌握机械制图国家标准中有关图线的形式和字体的相关规定					
能力目标	能够正确运用零件测绘的方法和步骤，进行轴类曲面立体零件的具体测绘					
	能够根据零件的形状和尺寸，正确运用所学的制图基本知识，完成台式钻床中的立柱零件图的绘制					
职业行为	观察、分析、交流、评价、合作的能力					
教师综合评价						

任务小结

在按步骤进行立柱零件图的绘制过程中，分步学习了曲面立体投影知识，掌握了与曲面立体零件图绘制相关的机械制图基本知识与技能，并实际动手完成了立柱的零件测绘和零件图的绘制。

任务 3.2 绘制法兰盘座的零件图

法兰盘座是台式钻床的重要连接件，它实现了台式钻床的底座与立柱的连接，如图 3 - 27 所示。对台式钻床的主轴与底座台面的垂直，保证台式钻床工作时的准确位置起着重要作用。法兰盘座的基本形状由两个不同直径的空心圆柱体组成，本任务中，要利用法兰盘座的实物测绘出它的所有尺寸，并完成法兰盘座零件图的绘制。

图 3 - 27 法兰盘座

知识目标

（1）复习曲面立体三视图、曲面截切体和尺寸注法的基本知识。
（2）复习曲面立体工件零件测绘的方法和步骤。

能力目标

（1）能够正确运用零件测绘的方法和步骤，进行轮盘类曲面立体零件的具体测绘。
（2）能够根据零件的形状和尺寸，正确运用所学的制图基本知识，完成台式钻床中的法兰盘座零件图的绘制。

任务分析

1. 分析零件图

在对法兰盘座进行测绘的基础上，通过复习曲面立体和平面截切曲面立体的作图知识，能够独立地完成对法兰盘座零件的分析，并弄懂画法兰盘座零件图所涉及的曲面立体知识。

2. 绘制零件图

利用绘图工具，结合法兰盘座的零件实物，用手工作图的方法分别完成法兰盘座零件图的绘制。

任务实施

法兰盘座是台式钻床的曲面立体零件中较简单的零件。在绘制法兰盘座的过程中，要求在完成对法兰盘座的零件分析后，按以下步骤进行零件图的绘制。

1. 画图框和标题栏

为了清楚表达法兰盘座，根据其具体尺寸，在绘制法兰盘座零件图时，选用 A4 图纸并纵置使用，按照国标对图纸幅面尺寸和标题栏的具体要求，绘制出法兰盘座零件图的图框和标题栏。

2. 零件测绘

法兰盘座零件的测量如图 3－28 所示，零件测绘具体步骤如下。

（1）用外端测量爪测量法兰盘座的两个外圆尺寸。

（2）用内端测量爪测量法兰盘座的内孔以及安装孔的直径尺寸。

（3）用外端测量爪测量法兰盘座的两个轴向尺寸。

（4）测量安装孔的孔距并计算出安装孔均布圆的直径尺寸。

在测量法兰盘座各圆周尺寸时，与立柱相同，为能够得出准确测量值要注意法兰盘座与测量工具——游标卡尺之间的相对角度。

3. 画法兰盘座的三视图

画法兰盘座的三视图并标注尺寸、尺寸公差、形位公差及表面粗糙度。

法兰盘座属于轮盘类零件，此类零件也由位于同一轴线上数段直径不同的回转体组成，但其径向尺寸比轴向尺寸大。选择视图时，将法兰盘座以工作位置放置（即以非圆视图水平摆放）设为主视图。用俯视图来表达轮盘圆周的情况。法兰盘座的三视图选择 1:1 的比例进行绘制。根据测绘的具体结果，完成法兰盘座的绘制。

在对法兰盘座进行标注时，应注意立柱与法兰盘座之间是通过过渡配合而实现连接的，因此在标注尺寸公差、形位公差及表面粗糙度时，除了需要考虑加工方法的要求以外，还要考虑立柱与法兰盘座之间的过渡配合连接。本工件经过车削加工而成形。因此其标注尺寸公差、形位公差及表面粗糙度，如图 3－29 所示。

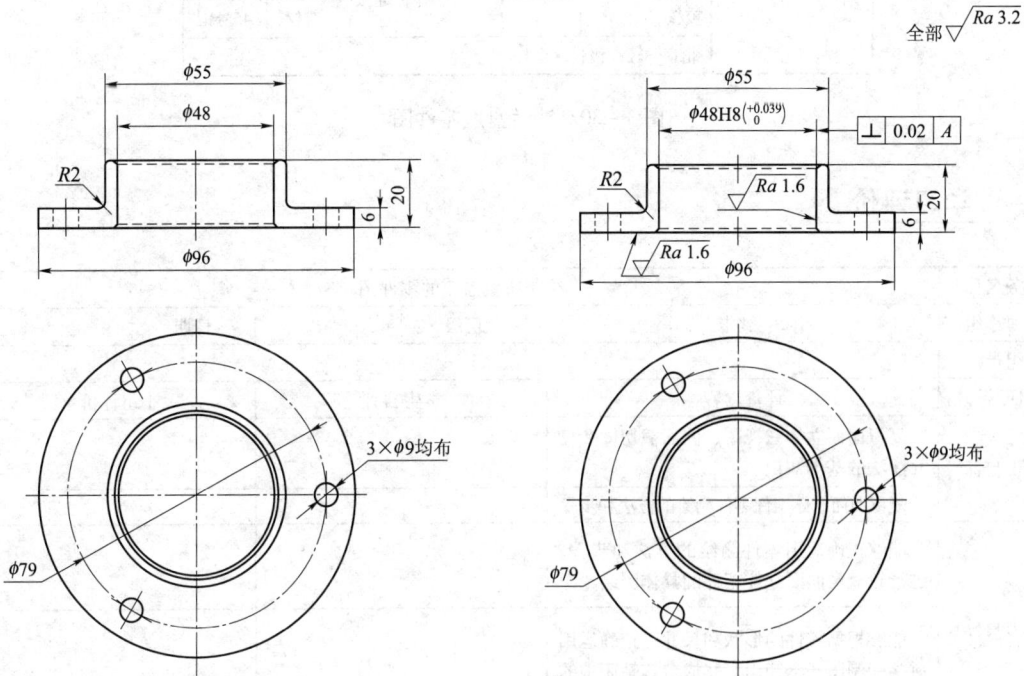

图 3－28　法兰盘座零件的测量　　　　　图 3－29　标注完成后的三视图

4. 检查图样并加重

检查法兰盘座零件图以及标注，在确认无误后进行图样加重，最后在标题栏中签字。至此法兰盘座零件图全部绘制完成，如图 3 - 30 所示。

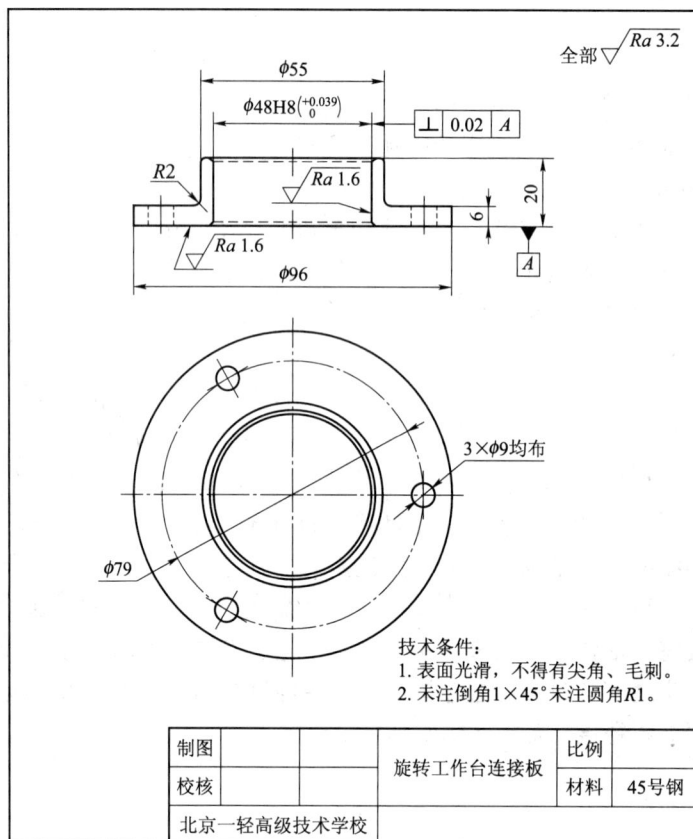

图 3 - 30　法兰盘座零件图

学习评价

任务名称		绘制法兰盘座的零件图				
学习小组		组长		班级		日期	
组员						
序号	评价内容		学生自评		小组评价	
知识目标	复习曲面立体三视图、曲面截切体和尺寸注法的基本知识					
	复习曲面立体工件零件测绘的方法和步骤					
能力目标	能够正确运用零件测绘的方法和步骤，进行轮盘类曲面立体零件的具体测绘					
	能够根据零件的形状和尺寸，正确运用所学的制图基本知识，完成台式钻床中的法兰盘座零件图的绘制					

续表

序号	评价内容	学生自评	小组评价
职业行为	观察、分析、交流、评价、合作的能力		
教师综合评价			

任务小结

　　在按步骤进行法兰盘座零件图的绘制过程中，复习了与曲面立体零件图绘制相关的制图基本知识与技能，并实际动手完成了法兰盘座的零件测绘和零件图的绘制。

情 景 4

绘制台式钻床中的旋转工作台座

立体与立体的相交称为相贯，它们相交后的形体即为相贯体。常见的相贯体有平面立体与平面立体相贯、平面立体与回转体相贯、回转体与回转体相贯等形式。在本情景中，将以台式钻床的旋转工作台座为例，学习相贯体的相关知识，完成对旋转工作台座的测绘和绘制旋转工作台座的零件图。

任务描述

旋转工作台座是台式钻床的重要连接件，它的一边套接固定在台式钻床的立柱上，另一边利用螺栓与旋转工作台连接板和旋转工作台组合件固定连接在一起，它们共同组成旋转工作台部件，如图4-1所示。旋转工作台座的核心形体为两个正交的空心圆柱体组成的相贯体，它可以沿立柱升降，也可以绕立柱旋转，以满足加工各种孔所需的不同工作位置。本项目中，将利用旋转工作台座的实物，测绘出它的所有尺寸，并学习相贯体的知识的基础上完成旋转工作台座零件图的绘制。

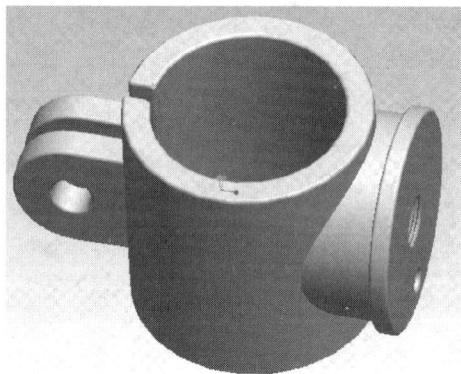

图4-1 旋转工作台座

知识目标

（1）掌握回转体与回转体相贯的基本知识。
（2）掌握相贯体的各种画图方法。
（3）掌握相贯体的尺寸注法的基本知识。

能力目标

（1）能够正确运用零件测绘的方法和步骤，进行旋转工作台座的具体测绘。

（2）能够根据零件的形状和尺寸，正确运用相贯体的画法和尺寸注法，完成台式钻床旋转工作台座零件图的绘制。

任务分析

1. 分析零件图

在对旋转工作台座进行测绘的基础上，通过学习相贯体的知识，能够了解相贯体的特点，掌握曲面立体与曲面立体相贯等相贯线的画图方法，并弄懂画旋转工作台座零件图所涉及的机械制图知识。

2. 绘制零件图

利用绘图工具，结合旋转工作台座的零件实物，用手工作图的方法分别完成旋转工作台座零件图的绘制。

任务实施

旋转工作台座是较简单的相贯体形式。在绘制旋转工作台座的过程中，要求在完成对旋转工作台座的零件分析后，按以下步骤进行零件图的绘制。

1. 画图框和标题栏

为了清楚地表达旋转工作台座，根据其具体尺寸，在绘制旋转工作台座零件图时，应选用 A3 图纸并横置使用，按照国标对图纸幅面尺寸和标题栏的具体要求，绘制出旋转工作台座零件图的图框和标题栏。

2. 零件测绘

旋转工作台座是以一个竖直的空心圆柱体为基础，一侧与一个平面立体——四棱柱相贯，另一个与一个回转体——空心圆柱相贯，共同组成一个相贯体（见图 4 - 2）。在测量时，需分别测量三个形体的尺寸。

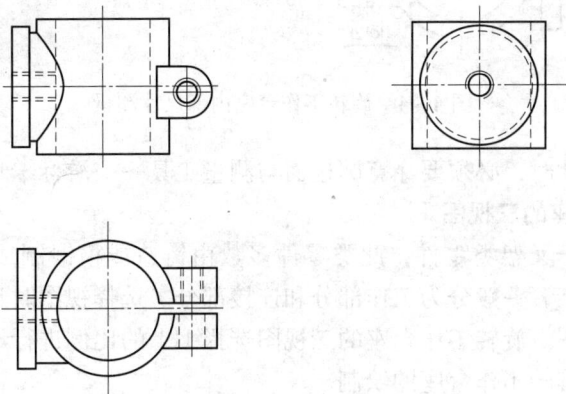

图 4 - 2 旋转工作台座三视图

（1）用外端测量爪测量旋转工作台座形体的外部尺寸，如图 4 - 3 所示。
（2）用内端测量爪测量旋转工作台座形体的内部尺寸，如图 4 - 4 所示。

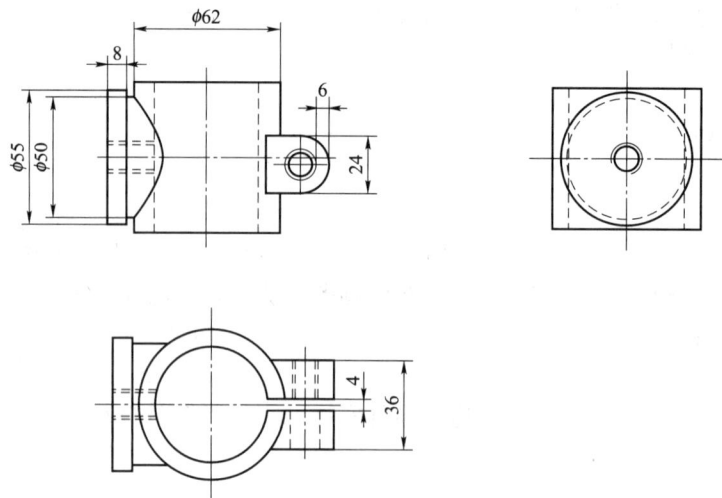

图 4 – 3　旋转工作台座外部尺寸测量

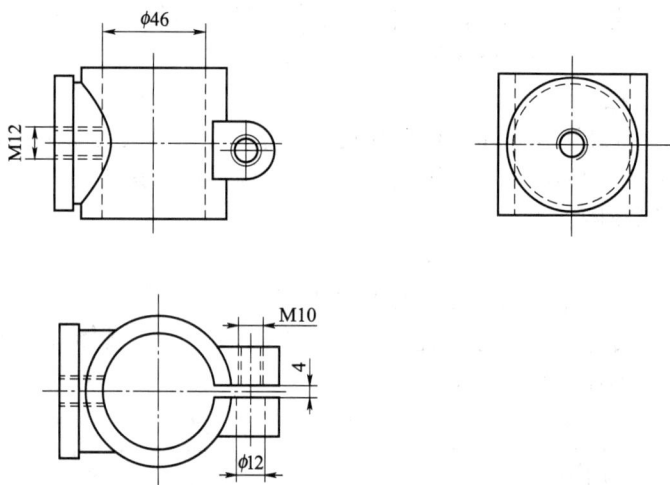

图 4 – 4　旋转工作台座内部尺寸测量

在测量圆柱面尺寸时，必须要注意圆柱面与测量工具——游标卡尺之间的相对角度。

3. 画旋转工作台座的三视图

旋转工作台座属于叉架类零件，此类零件多数由铸造或模锻制成毛坯，经机械加工而成。结构大都比较复杂，一般分为工作部分和连接部分。选择视图时，将旋转工作台座以加工位置放置设为主视图。旋转工作台座的三视图选择 1∶1 的比例进行绘制。根据测绘出的具体尺寸，按步骤完成旋转工作台座的绘制。

（1）用点划线画出轴线和圆的中心线。

（2）画旋转工作台座的竖直空心圆柱体的三视图，如图 4 – 5 所示。

（3）画与竖直空心圆柱体相贯的空心圆柱体的三视图，并画出它们之间的相贯线，如图 4 – 6 所示。

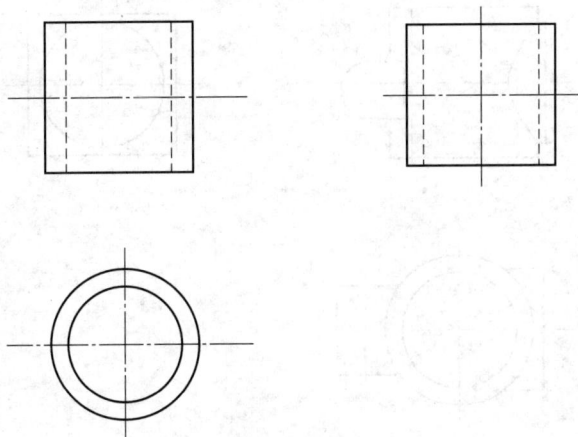

图 4 – 5　旋转工作台座作图（一）

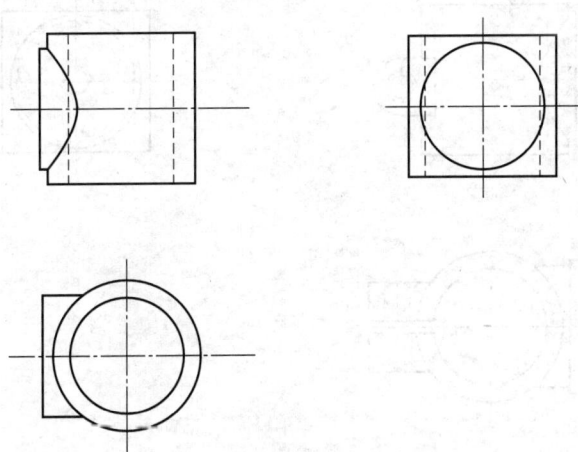

图 4 – 6　旋转工作台座作图（二）

　　（4）画与竖直空心圆柱体相贯的四棱柱的三视图，并画出它们之间的相贯线，如图 4 – 7 所示。

　　（5）画切槽、盖板等的三视图，并画出相应的相贯线，如图 4 – 8 所示。

4. 标注尺寸、尺寸公差、形位公差及表面粗糙度

　　在对旋转工作台座进行尺寸公差、形位公差及表面粗糙度标注时，除了需要考虑加工方法的要求以外，还要考虑竖直空心圆柱体轴线与盖板表面之间的垂直度。本工件是铸造后经过切削加工而成形，因此其标注尺寸公差、形位公差及表面粗糙度，如图 4 – 9 所示。

5. 检查图样并加重

　　检查旋转工作台座零件图以及标注，在确认无误后进行图样加重，最后在标题栏中签字。至此旋转工作台座零件图全部绘制完成，如图 4 – 10 所示。

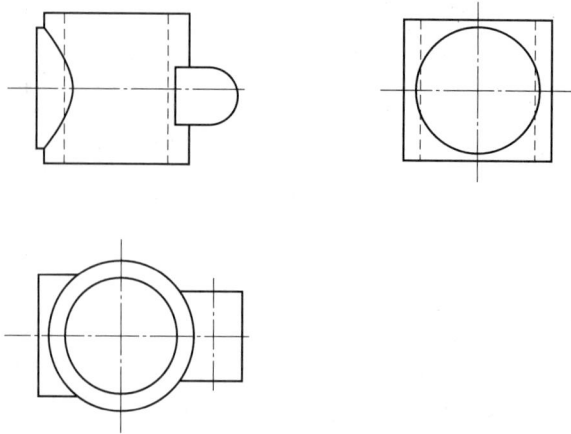

图4-7 旋转工作台座作图（三）

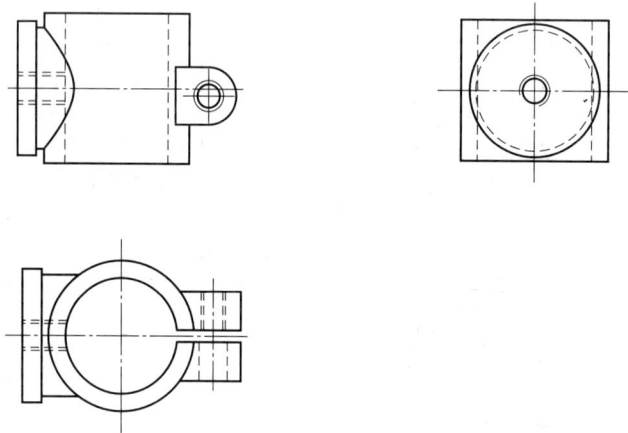

图4-8 旋转工作台座作图（四）

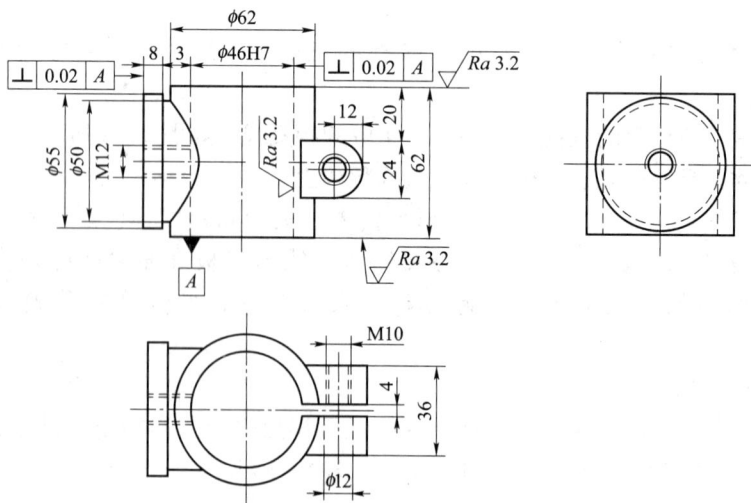

图4-9 旋转工作台座标注

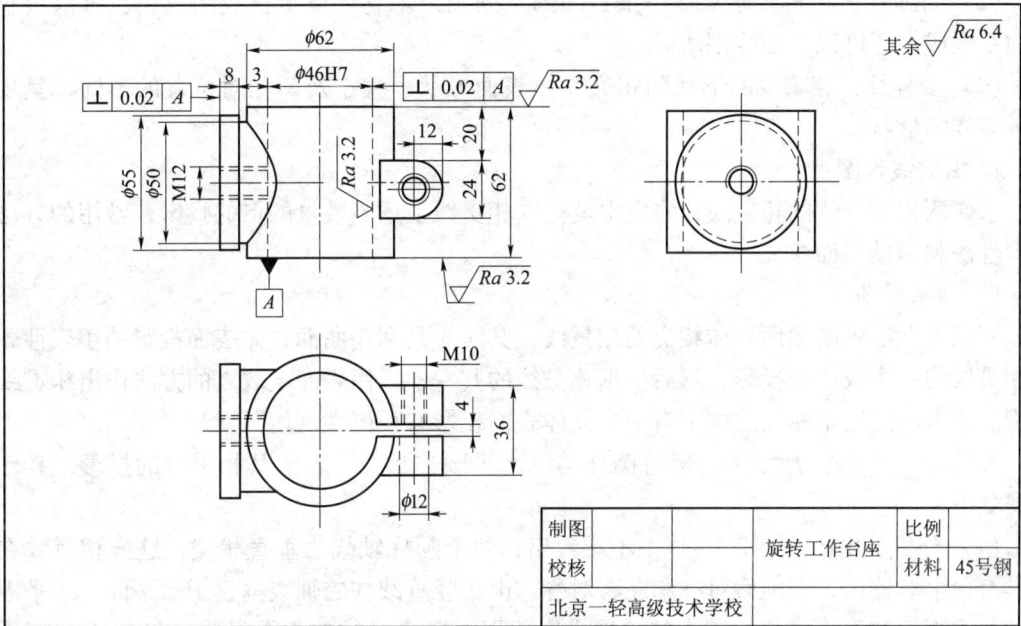

图 4 – 10　旋转工作台座零件图

相关知识

1. 相贯线概述

两立体相交，按其立体表面的性质可分为两平面立体相交［见图 4 – 11（a）］、平面立体与曲面立体相交［见图 4 – 11（b）］和两曲面立体相交［见图 4 – 11（c）］三种形式。两立体表面的交线称为相贯线。

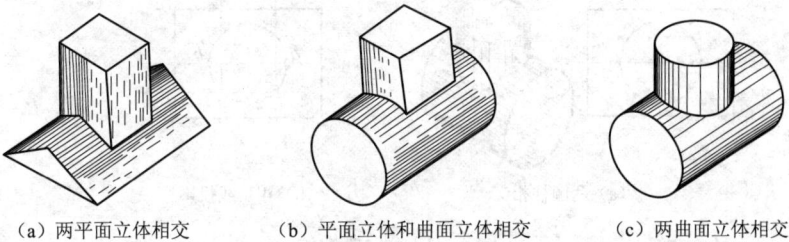

（a）两平面立体相交　　（b）平面立体和曲面立体相交　　（c）两曲面立体相交

图 4 – 11　两立体相交的形式

对于两平面立体相交以及平面立体与回转体相交的问题，实际上是平面立体被截切和曲面立体被截切的变形，相关知识已经在情景 2、情景 3 中进行过学习，故本任务不再讨论。本任务中将重点学习两回转体相交时，其相贯线的性质和作图方法。

相贯线具有以下几条性质。

（1）共有性：相贯线是相交立体表面的交线、共有线和分界线，相贯线上的所有点属于相交立体表面的共有点。

（2）封闭性：相贯线通常是一条封闭的空间图形。它可以由折线围成，也可以由折线和曲线围成，还可以由曲线围成。

（3）多样性：相贯线的形状随相交立体表面形状、大小及其相对位置的不同，呈现出多种多样的形状。

2. 相贯线作图

求作两相交立体的相贯线，实质上就是求相贯线上适当数量的点的投影，常用的方法有积聚性法和辅助平面法。

1）积聚性法

用积聚性法画两曲面立体相交的相贯线，其实质是利用曲面立体表面投影的积聚性先画出相贯线的一个或两个投影，然后根据相贯线的共有性，用表面上取点的方法作出相贯线的投影。该方法适用于相交立体中有一个立体表面投影有积聚性的情况。

如图 4 - 12（a）所示为一竖直圆柱与一水平圆柱相交，若求其相贯线的投影，其作图步骤如下。

（1）分析。由图 4 - 12（a）中不难看出，两个圆柱轴线为垂直相交，这样相贯线在空间具有两个对称面，即前后对称和左右对称。由于竖直圆柱的轴线垂直于水平面，水平圆柱的轴线垂直于侧面，可知相贯线的水平投影积聚在竖直圆柱的水平投影（圆）上，侧面投影积聚在水平圆柱的侧面投影（圆）上，故不需要作图，而要求作的只是相贯线的正面投影。即已知相贯线的水平投影和侧面投影，求出其正面投影。又因竖直圆柱的直径比水平圆柱的直径小，即小圆柱穿入大圆柱，因此相贯线的正面投影必然是向大圆柱弯曲。

（2）求点，如图 4 - 12（b）所示。

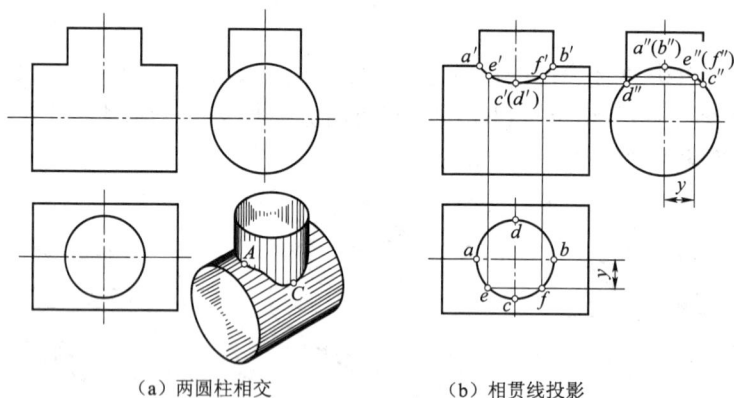

（a）两圆柱相交　　（b）相贯线投影

图 4 - 12　积聚性法

① 求特殊点。为了作图正确和简捷，首先必须求出相贯线上的特殊点。点 C 是竖直圆柱面最前面素线与水平圆柱面的交点，它是最前点也是最低点，因此，可直接求得水平投影点 c 和侧面投影点 c″，其正面投影点 c′ 可根据点 c、c″ 求得；点 A、点 B 为竖直圆柱面最左素线和最右素线与水平圆柱面最高素线的交点，它们是相贯线上的最左点、最右点和最高点，A 点的投影点 a′、a、a″ 和 B 点的投影点 b′、b、b″ 可直接在图上作出；点 D 是竖直圆柱面最后面素线与水平圆柱面的交点，它是最后点也是最低点，求法同点 C。

② 求一般点。一般点可根据情况适当求作，如图 4 - 12（b）所示，在竖直圆柱面的水

平投影（圆）上取两点 e、f，再作出它们的侧面投影点 e''、f''，可根据投影规律求出其正面投影点 e'、f'。

（3）光滑连线。顺次光滑地连接点 a'、e'、c'、f' 和 b' 即为相贯线的正面投影。必须指出的是，因相贯线前后对称，后半部分不可见的投影与前半部分可见的投影重合，所以只画可见部分（实线）；由于两圆柱相交成为了一个整体，因而水平圆柱两点 a'、b' 之间的转向轮廓线已不存在了，所以不应再画线。

图 4–13 所示的是两圆柱内、外表面相交的三种形式。图 4–13（a）所示为两圆柱外表面相交，其相贯线在圆柱的外表面上，称为外相贯线。由于两条相贯线上下对称，故下面一条相贯线的正面投影的作图方法与前面讲述的相同。图 4–13（b）所示为在水平圆柱上钻一个圆柱孔，其形成原理和作图方法与图 4–13（a）相同，只是在正面投影和侧面投影上需画出圆柱孔的投影轮廓线，因为不可见，所以画成虚线。图 4–13（c）所示是两圆柱孔相交，其相贯线在内圆柱面上，称为内相贯线，因为不可见，所以画成虚线，其形成原理和作图方法也与图 4–13（a）相同。

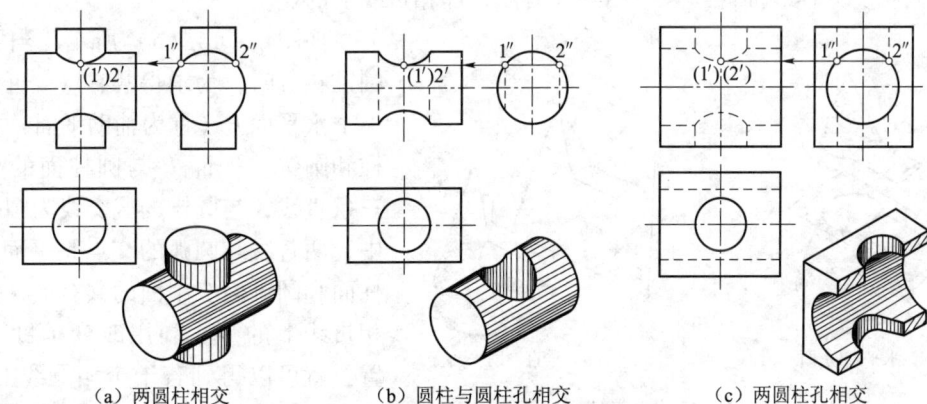

(a) 两圆柱相交　　　　　(b) 圆柱与圆柱孔相交　　　　　(c) 两圆柱孔相交

图 4–13　两圆柱内、外表面相交的形式

在两圆柱相交时，其相贯线的形状和位置取决于两圆柱直径的大小和两轴线的相对位置，如表 4–1 和表 4–2 所示。

表 4–1　轴线垂直相交的两圆柱直径相对变化时对相贯线的影响

两圆柱直径的关系	水平圆柱直径较大	两圆柱直径相等	水平圆柱直径较小
相贯线的特点	上、下两条空间曲线	两个相互垂直的椭圆	左、右两条空间曲线
投影图			

表 4-2　相交两圆柱轴线相对位置变化时对相贯线的影响

两轴线垂直相交	两轴线垂直交叉		两轴线平行

2）辅助平面法

当相贯线不能用积聚性直接求出时，可以利用辅助平面法来求。辅助平面法作图依据的主要原理是"三面共点"，为了求出相贯线上的点的投影，在适当位置选择一个合适的辅助平面，使其分别与两相交立体相交，在两相交立体上得到两条交线，其两线的交点就是辅助平面与两相交立体表面——三个面的共有点，即相贯线上的点。

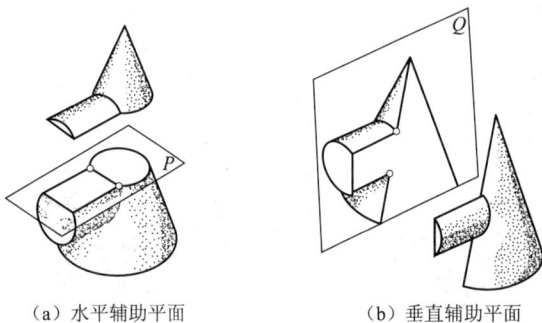

（a）水平辅助平面　　　（b）垂直辅助平面

图 4-14　辅助平面法

如图 4-14（a）所示，当圆柱与圆锥相贯时，为求得共有点，可假想用一个水平面 P（称为辅助平面）截切圆柱和圆锥。平面 P 与圆柱面的交线为三条直线，与圆锥的截交线为圆弧。其中，两直线与圆弧的交点是平面 P、圆柱面和圆锥面三个面的共有点，因此是相贯线上的点。利用改变辅助平面位置，就可以得到若干个相贯线上的点，将它们光滑地连接起来即可求得相贯线的投影。图 4-14（b）所示为垂直辅助平面截切圆柱和圆锥的情况，方法与图 4-14（a）所示的水平辅助平面类似。

利用辅助平面法求作相贯线时，一般应根据两相交立体的形状和他们的相对位置来选择辅助平面，以作图简便为基本点，选择的原则是：辅助平面与两相交立体的交线的投影都是最简单的线条（直线或圆）。注意所选的辅助平面应位于两曲面立体的共有区域内，否则将得不到共有点。

利用辅助平面法求圆柱与圆锥相交的相贯线的作图步骤如下。

（1）选择辅助平面：这里选择水平面 P，如图 4-15（a）所示。

（2）求点。

① 求特殊点。如图 4-15（b）所示，点 A、D 为相贯线上的最高点、最低点，两点三个投影可以直接求得。点 C、E 为相贯线上的最前点、最后点，由过圆柱轴线的水平面 P 求得。其侧面投影点 e''、c'' 可直接求得。由于水平面 P 与圆柱的截交线为圆柱的最前和最后两条素线（平行两直线）；水平面 P 与圆锥的截交线为圆，两条素线与圆相交在水平面上可求得点 e、c，它们是相贯线的水平投影的可见与不可见的分界点。正面投影点 e'、c' 可由水平投影点 e、c、e''、c'' 求得。

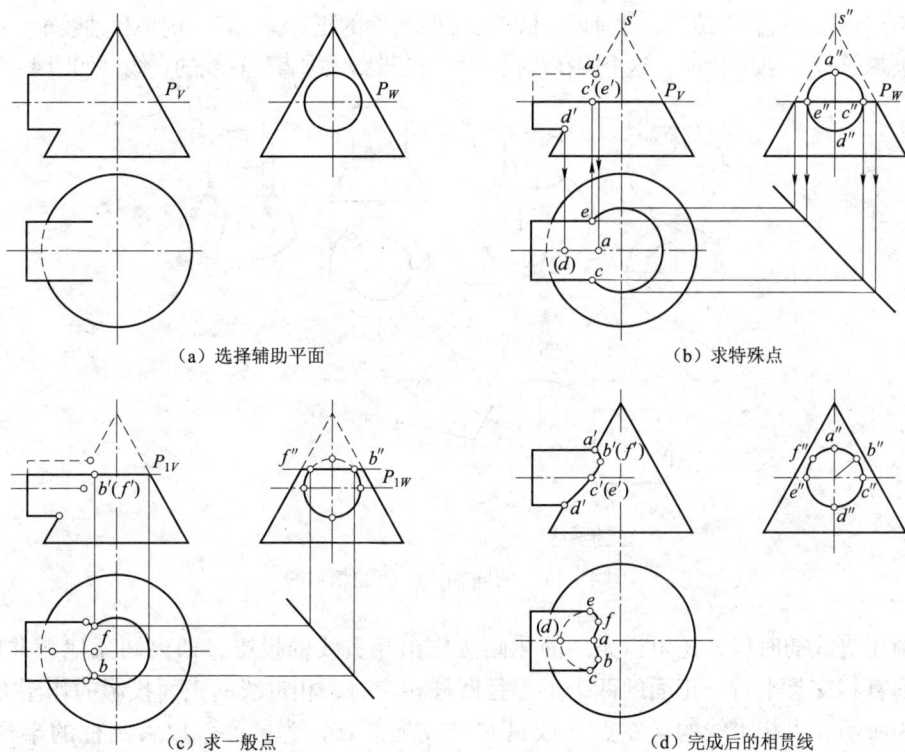

（a）选择辅助平面　　　　　　　　　　　　（b）求特殊点

（c）求一般点　　　　　　　　　　　　（d）完成后的相贯线

图 4 – 15　用辅助平面法求圆柱与圆锥相交的相贯线

② 求一般点。如图 4 – 15（c）所示，根据作图的需要，在适当位置再作一些水平面为辅助面（如 P_1 面），可求出相贯线上的一般点。特别需要注意的是 P_1 面是必须作出的平面，其上的点 B、F 是距离圆锥的最前和最后两素线最近的点。

（3）判断可见性后光滑连接，如图 4 – 15（d）所示，点 D 在下半圆柱上，故 cde 连线为虚线，其他为实线。

图 4 – 16 所示为圆柱与圆锥的轴线垂直相交时，圆柱直径的变化对相贯线的影响，图 4 – 15（a）所示为圆柱贯穿圆锥的相贯线，图 4 – 16（b）所示为两者公切于球的相贯线，图 4 – 15（c）所示为圆锥贯穿圆柱的相贯线。

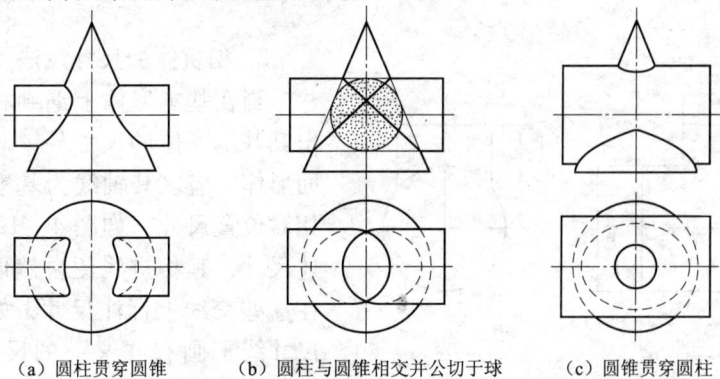

（a）圆柱贯穿圆锥　　　（b）圆柱与圆锥相交并公切于球　　　（c）圆锥贯穿圆柱

图 4 – 16　圆柱面与圆锥面轴线垂直相交时的三种相贯线

另外，还有一种特殊情况，就是两个同轴线的回转面的相贯线，其一定是和轴线垂直的圆。当回转面的轴线平行于投影面时，这个圆在该投影面上的投影为垂直于轴线的直线，如图4-17所示。

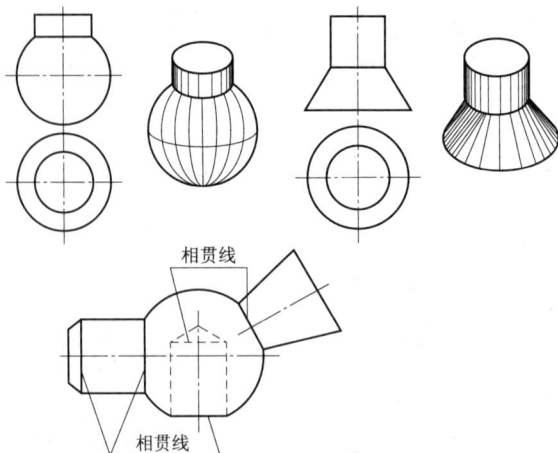

图4-17 两同轴回转面的相贯线

在画相贯线的时候，还可以采用简化画法作出相贯线的投影，即以圆弧代替非圆曲线。当轴线垂直相交且平行于正面的两个不等径圆柱相交时，相贯线的正面投影的作图方法，如图4-18所示。以相贯线的最左点（或最右点或最前点）为圆心，以大圆柱的半径为半径向小圆柱的轴线画圆弧，以此交点为圆心，仍然以大圆柱的半径为半径画圆弧连接相贯线的最左点、最前点、最右点，即为所得。

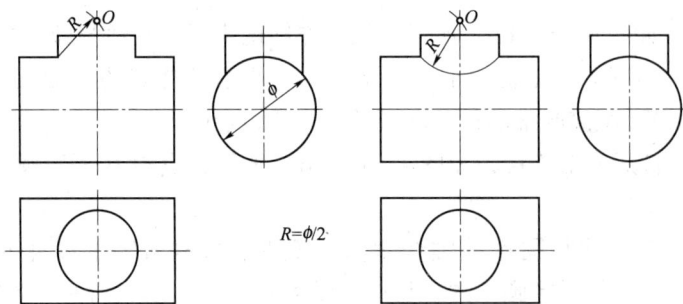

图4-18 用近似画法画两圆柱正交相贯线

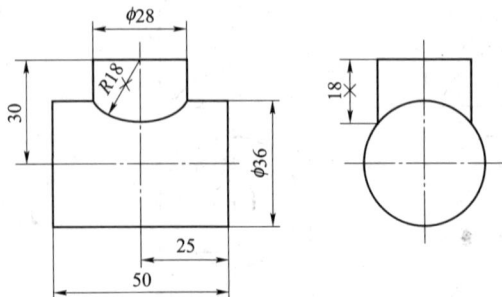

图4-19 相贯体的尺寸注法

3. 相贯体的尺寸注法

当在基本形体上遇到相贯时，除标注出其基本形体的尺寸外，对相贯的两回转面形体，应以其轴线为基准标注两形体的相对位置尺寸，如图4-19所示。根据上述尺寸，其相贯线便自然形成，因此不应在这些交线上标注尺寸，如图4-19中在尺寸线上画有"×"的尺寸，既是多余，又是与其他尺寸发生矛盾的尺寸，因此均不应该注出。

学习评价

任务名称		绘制台式钻床中的旋转工作台座			
学习小组		组长	班级		日期
组员					
序号	评价内容		学生自评		小组评价
知识目标	掌握回转体与回转体相贯的基本知识				
	掌握相贯体的各种画图方法				
	掌握相贯体的尺寸注法的基本知识				
能力目标	能够正确运用零件测绘的方法和步骤，进行旋转工作台座的具体测绘				
	能够根据零件的形状和尺寸，正确运用相贯体的画法和尺寸注法，完成台式钻床中的旋转工作台座零件图的绘制				
职业行为	观察、分析、交流、评价、合作的能力				
教师综合评价					

任务小结

　　在按步骤进行旋转工作台座零件图的绘制过程中，分步学习了相贯体投影知识，掌握了与相贯体零件图绘制相关的机械制图基本知识与技能，并实际动手完成了旋转工作台座的零件测绘和零件图的绘制。

情 景 5

绘制台式钻床中的箱体

箱体是台式钻床主轴箱中各部件的承载部件，用来支承、包容、保护运动零件或其他零件，确保运动部件正常工作。

任务描述

台式钻床中的箱体如图 5 - 1 所示，由于箱体类零件的结构较为复杂，内部呈腔形，其加工表面主要是平面和孔，所以对箱体类零件的技术要求分析，应针对平面和孔的技术要求进行分析。

图 5 - 1　箱体

知识目标

（1）掌握组合体的形体分析法和线面分析法基本知识。
（2）掌握组合体的各种画图方法。
（3）掌握组合体的尺寸注法的基本知识。

能力目标

（1）能够正确运用零件测绘的方法和步骤，进行箱体的具体测绘。

（2）能够根据零件的形状和尺寸，正确运用组合体的画法和尺寸注法，完成台式钻床中的箱体零件图的绘制。

任务分析

1. 分析零件图

在对箱体进行测绘的基础上，通过学习组合体的知识，能够了解组合体的特点，掌握组合体的形体分析法和线面分析法，以及各种画图方法，并弄懂画箱体零件图所涉及的组合体知识。

2. 绘制零件图

利用绘图工具，结合箱体的零件实物，用手工作图的方法分别完成箱体零件图的绘制。

任务实施

在绘制箱体的过程中，要求在完成对箱体的零件分析后，按以下步骤进行零件图的绘制。

1. 画图框和标题栏

为了清楚表达箱体，根据其具体尺寸，在绘制箱体零件图时，应选用 A4 图纸并横置使用，按照国标对图纸幅面尺寸和标题栏的具体要求，绘制出箱体零件图的图框和标题栏。

2. 零件测绘

箱体类零件的测绘是根据图 5-2 所示的实际零件底座画出它的图形，测量出它的实际尺寸和制定出它的技术要求。在整个测绘过程中，先用测量工具进行零件底座的测绘，然后画出零件草图，最后根据零件草图画出零件仪器图。测量直线尺寸（长、高、宽）一般可用直尺或游标卡尺；测量回转面的直径一般使用游标卡尺。

在进行测量时，应该把箱体零件上全部尺寸集中一起测量，使有联系的尺寸能够联系起来，这不但可以提高工作效率，还可以避免错误和遗漏尺寸。

测量箱体零件的步骤如下。

（1）选择箱体底座尺寸的工具：直尺、游标卡尺、外卡钳和内卡钳。

（2）用直尺或游标卡尺测量箱体零件的外形尺寸，如图 5-3 所示，圆柱体的高和阶梯孔的深度等，用游标卡尺测量零件的螺纹的长度。

（3）用游标卡尺测量零件主要结构的回转直径（如螺纹的大径、圆柱体的回转面直径、圆台结构的直径、阶梯孔的直径等）。

（4）用游标卡尺测量主轴孔和立柱孔的尺寸、圆柱结构上均布孔的定位尺寸、凸台的定位尺寸。

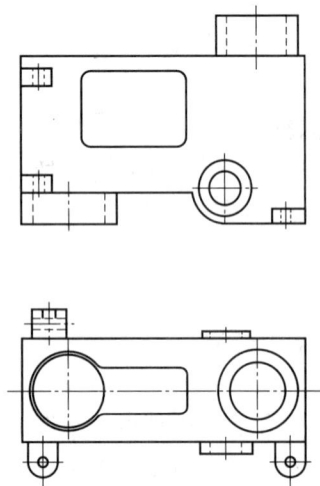

图 5 - 2 箱体三视图

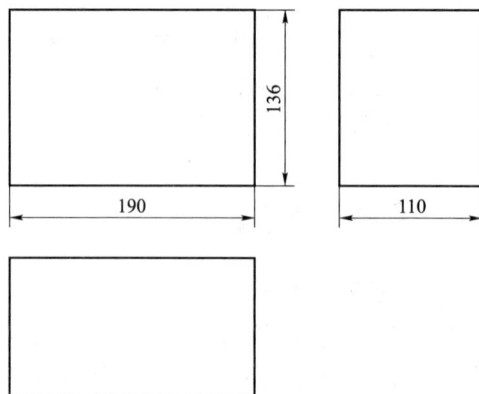

图 5 - 3 箱体零件的外形尺寸

箱体零件草图是现场测绘的，测绘的时间不允许太长，有些问题只要表达清楚就可以了，不一定是最完善的。

3. 画箱体的三视图

箱体类零件的内部结构比较复杂，加工位置较多，在选择主视图时主要考虑其内外结构特征和工作位置，再选择其他基本视图、剖视图等多种形式来表达零件的内部和外部结构。

（1）绘制箱体零件图的三视图外轮廓，如图 5 - 4 所示。

（2）绘制箱体零件的主轴孔和立柱孔部位三视图，如图 5 - 5 所示。

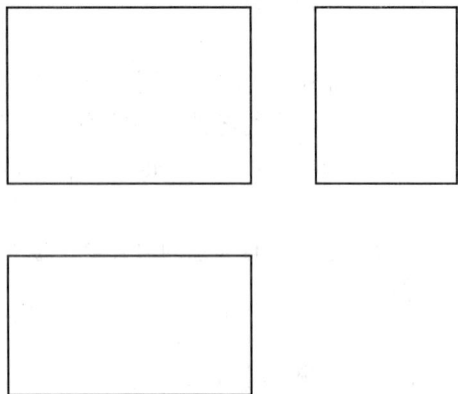

图 5 - 4 箱体零件图的三视图外轮廓

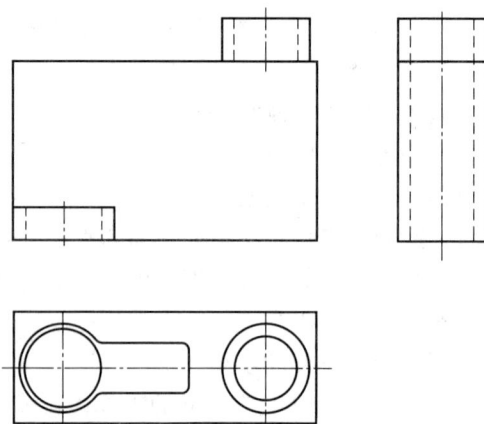

图 5 - 5 箱体零件的主轴孔和立柱孔部位三视图

（3）绘制箱体零件的销轴孔部位三视图，如图 5 - 6 所示。

（4）绘制箱体零件的四方凸台部位三视图，如图 5 - 7 所示。

（5）绘制箱体零件的半圆凸台部位三视图，如图 5 - 8 所示。

（6）绘制箱体零件的主视图矩形框，如图 5 - 9 所示。

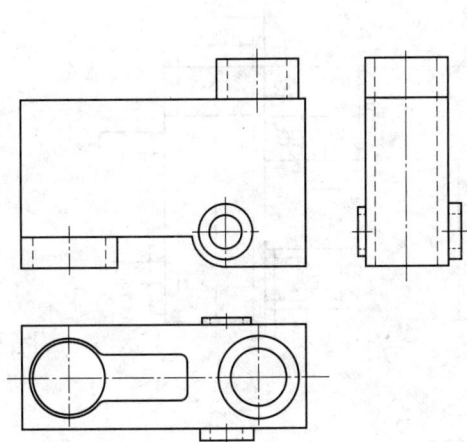

图5-6　箱体零件的销轴孔部位三视图

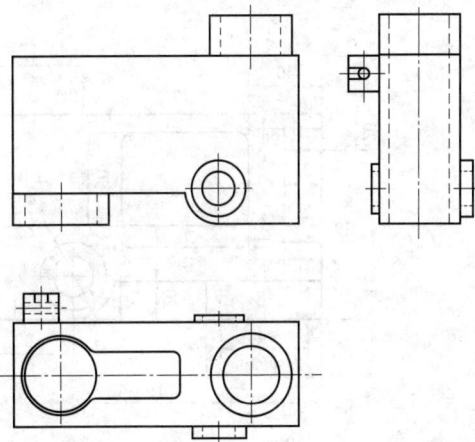

图5-7　箱体零件的四方凸台部位三视图

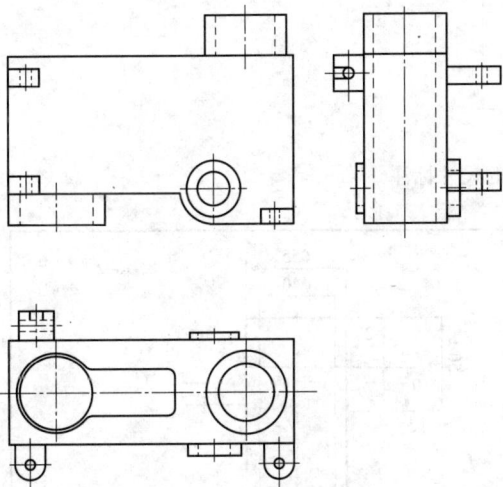

图5-8　箱体零件的半圆凸台部位三视图

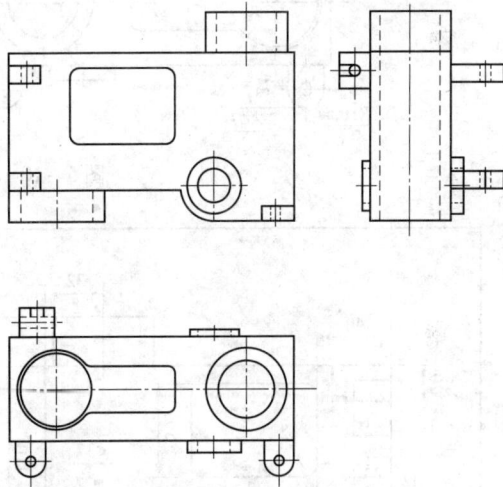

图5-9　箱体零件的主视图矩形框

4. 标注尺寸、尺寸公差、形位公差及表面粗糙度

对于箱体上需要加工的部分，应尽可能按便于加工和检验的要求标注尺寸。在确定基准时，常选用设计轴线、对称面、重要端面和重要安装面作为尺寸基准。重要的尺寸一定要从主要尺寸基准标出或直接标出，以减少加工和测量误差，保证加工精度。对于箱体上需要加工的部分，应尽可能按便于加工和检验的要求标注尺寸。箱体的尺寸标注如图5-10所示。

5. 检查图样并加重

检查箱体零件图以及标注，在确认无误后进行图样加重，最后在标题栏中签字。至此箱体零件图全部绘制完成，如图5-11所示。

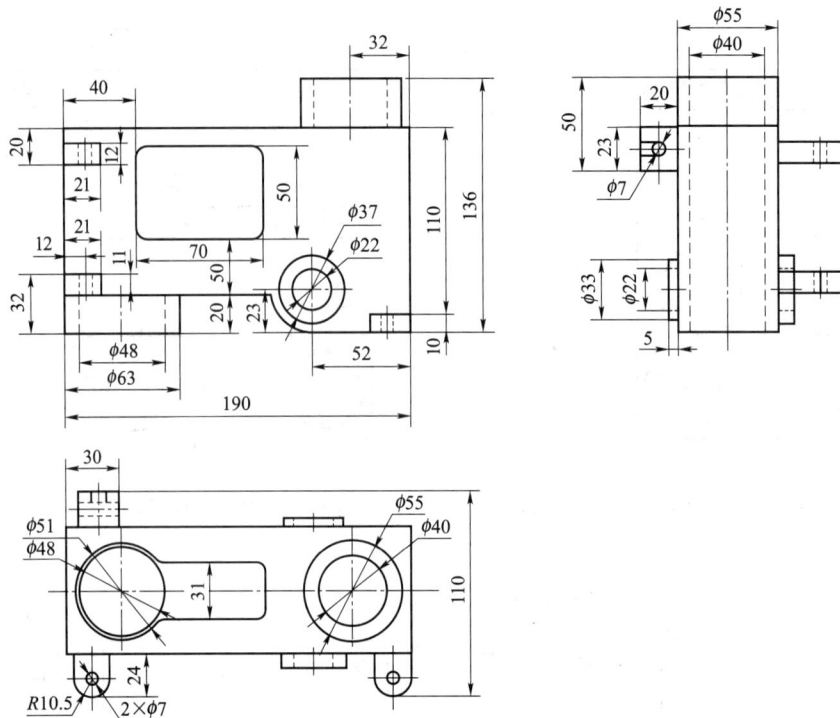

图 5-10 箱体的尺寸标注

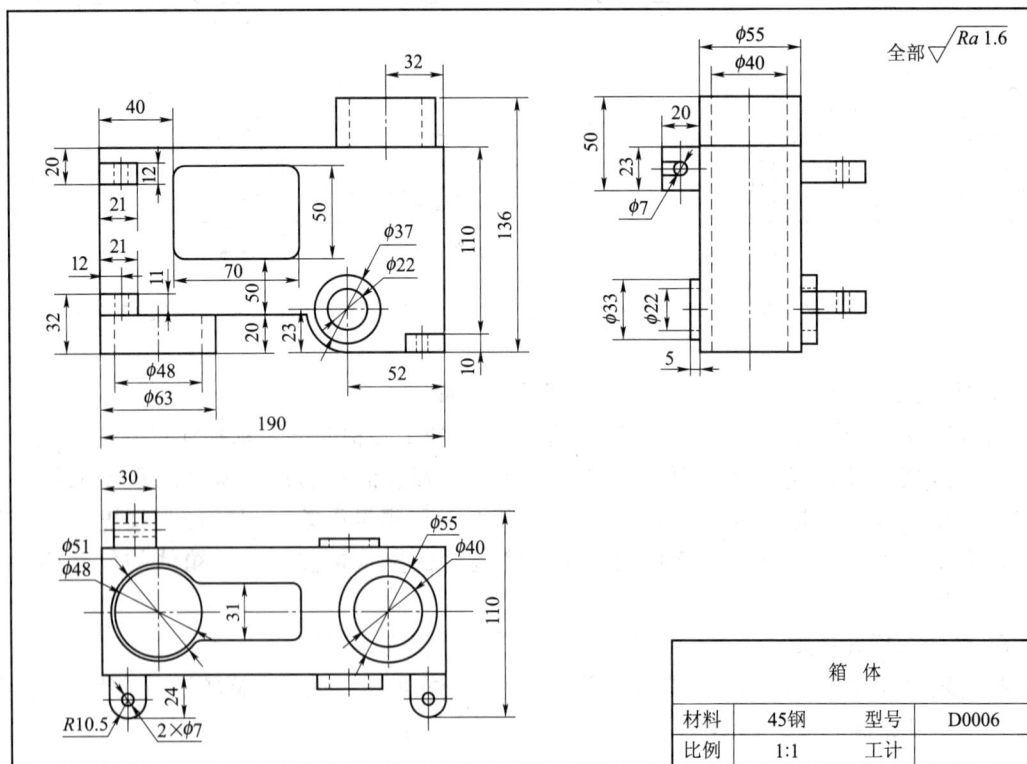

箱 体		
材料	45钢	型号	D0006
比例	1:1	工计	

图 5-11 箱体零件图

相关知识

1. 主视图的选择

要确定主视图，需要解决两个问题，分别是零件的安放位置问题和主视图的投影方向问题。

1）主视图的安放位置

主视图的安放位置应符合下列原则。

（1）工作位置原则：零件在机器或部件上都有一定的位置，画主视图时应尽量与零件的工作位置一致。例如，箱体、支座、支架等零件，多按工作位置画主视图。

（2）加工位置原则：按零件加工时主要工序的位置或毛坯划线位置来安放主视图，以便于对照图样进行生产。例如，轴、套类零件，大多在车床上加工，所以一般将其轴线侧垂放置。

对某些零件来说，其主视图的安放位置与上述某一原则不相适宜时，应根据具体情况而定，如机器上的运动零件——连杆、手柄等没有固定位置，此时可按习惯位置画主视图。

2）主视图的投影方向

主视图的安放位置确定以后，应以反映零件的"形状特征原则"为依据选择主视图的投影方向，使主视图能明显地表达零件的主要结构形状及各部分结构之间的相对位置关系。

在零件的内外结构表达清楚的前提下，选用的视图数量要少，每个视图都应有其明确的表达重点。通常是用基本视图或在基本视图上采用剖视来表达零件的主要结构形状，用局部视图、斜视图、断面或局部放大图等方法表达零件的局部形状和次要结构。

在选择视图时要注意以下几点。

（1）在表达内容相同的情况下，优先选用左视图、俯视图等基本视图。

（2）各视图之间最好按投影关系配置，以便于看图。

（3）为了便于看图和尺寸标注，一般不宜过多用虚线表示零件的结构形状，但必要时，可画虚线。

2. 组合体

由两个或两个以上基本体所组成的类似机器零件的形体，称为组合体，其一般可分为，叠加型、切割型、综合型（既有叠加又有切割）三种，叠加型和切割型如图 5 - 12 所示。

1）组合体的投影规律

组合体的三个视图和三面投影在本质上是相同的，只是形式上有所不同。因此，前面关于点、线、面和立体的投影特性，完全适用于组合体的三视图。为了便于讨论问题，规定：当组合体摆正以后，左右方向（X 轴方向）称为长，上下方向（Z 轴方向）

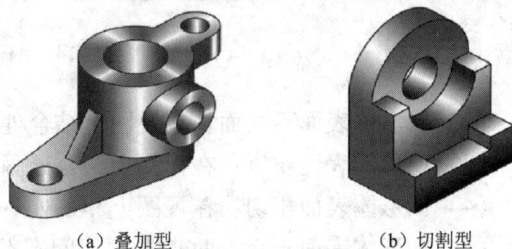

（a）叠加型　　　　　　　（b）切割型

图 5 - 12　组合体

称为高，前后方向（Y轴方向）称为宽。

主视图反映了物体上下、左右的位置关系，即反映了物体的高度和长度；

左视图反映了物体上下、前后的位置关系，即反映了物体的高度和宽度；

俯视图反映了物体左右、前后的位置关系，即反映了物体的长度和宽度。

主、俯两视图同时反映物体的长；主、左两视图同时反映物体的高；俯、左两视图同时反映物体的宽。由此可归纳出三视图的投影规律为：主、俯视图长对正；主、左视图高平齐；俯、左视图宽相等。

这"三等"关系，是画图和看图必须遵循的投影规律。不仅整个物体的投影要符合这一规律，物体的局部投影也必须符合这条规律。

2）组合体的表面连接关系

组合体的表面连接关系如图5－13所示。

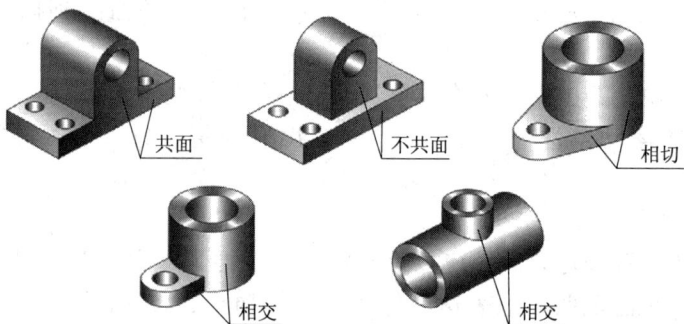

图5－13　组合体的表面连接关系

（1）两形体表面共面：在视图上结合处不画出两表面间的界线，如图5－14所示。

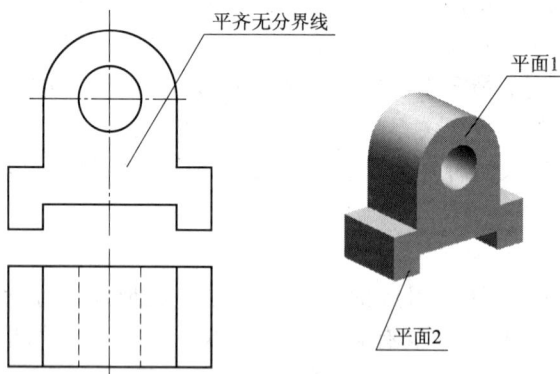

图5－14　两形体表面共面

（2）两形体表面不共面：在视图上结合处应画出两表面间的界线，如图5－15所示。

（3）两形体表面相错：在视图上结合处画出两表面间的界线。

（4）两形体表面相切：在视图上相切处不应画线，如图5－16所示。

（5）两形体表面相交：两基本立体间有截交和相贯，在视图上相交处应画出交线，如图5－17所示。

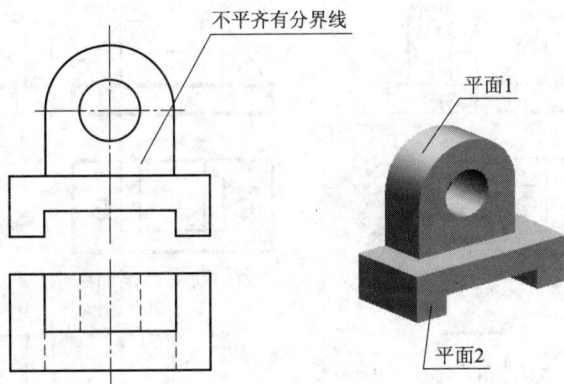

图5－15 两形体表面不共面

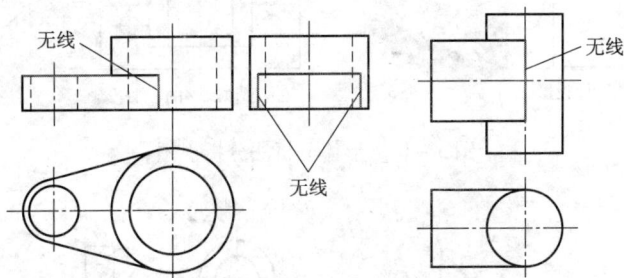

图5－16 两形体表面相切

3）组合体的画图方法

组合体的画图方法有以下两种。

（1）形体分析法：将组合体分解成若干部分，弄清各部分的形状、相对位置、组合方式及表面连接关系，分别画出各部分的投影。画组合体视图时一般要先对组合体进行形体分析，分析组合体是由哪些简单立体组成的，各立体之间的组合方式是什么，以及它们相对投影面的位置关系如何。在形体分析过程中，进一步认识组合体的结构特点，从而准确画出组合体的三视图，如图5－18所示。

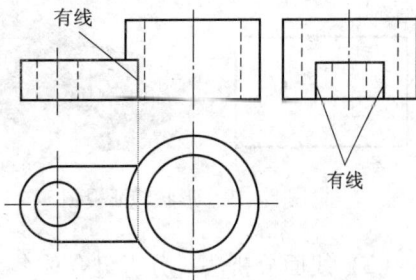

图5－17 两形体表面相交

参照特征视图，分解形体。利用"三等"关系，找出每一部分的三个投影，想象出它们的形状。

① 看视图：以主视图为主，配合其他视图，进行初步的投影分析和空间分析。

② 抓特征：找出反映物体特征较多的视图，在较短的时间里，对物体有个大概的了解。

● 形状特征视图——最能反映物体形状特征的那个视图，如图5－19所示。

● 位置特征视图——最能反映物体位置特征的那个视图，如图5－20所示。

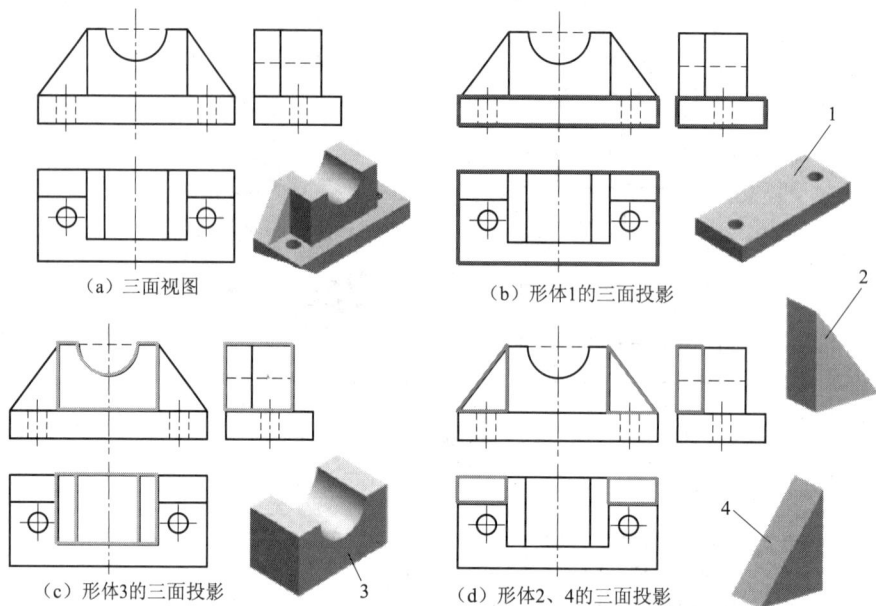

(a) 三面视图 (b) 形体1的三面投影

(c) 形体3的三面投影 (d) 形体2、4的三面投影

图 5 – 18 形体分析法分析视图

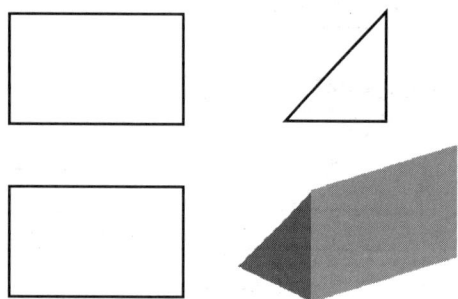

图 5 – 19 形状特征视图

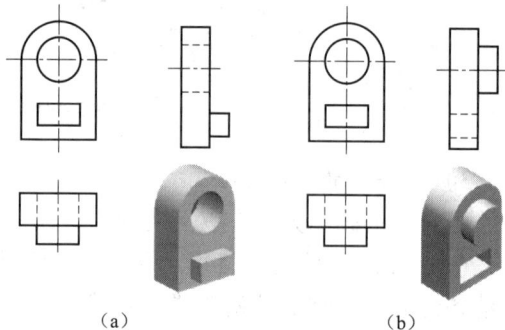

(a) (b)

图 5 – 20 位置特征视图

（2）线面分析法：分析组合体各表面及棱线、外形素线等与投影面的相对位置，以明确其投影特征；分析表面之间的连接关系及表面交线的形成和画法，以便于画图和读图的方法。线面分析方法在分析切割式的零件时用得较多，如图 5 – 21 所示。

① 线——交线、外形素线、积聚线。

② 线框——面（平面或曲面）、复合面（两个或两个以上表面光滑连接）、空心结构。

③ 运用投影特征，分析线、线框空间位置。

④ 最后综合想象整个组合体形状。

4）组合体零件图的尺寸标注

（1）组合体零件图的尺寸标注如图 5 – 22 所示，其基本要求如下。

① 正确：要符合国家标准的有关规定。

② 完全：要标注制造零件所需要的全部尺寸，不遗漏，不重复。

③ 清晰：尺寸布置要整齐、清晰，便于阅读。

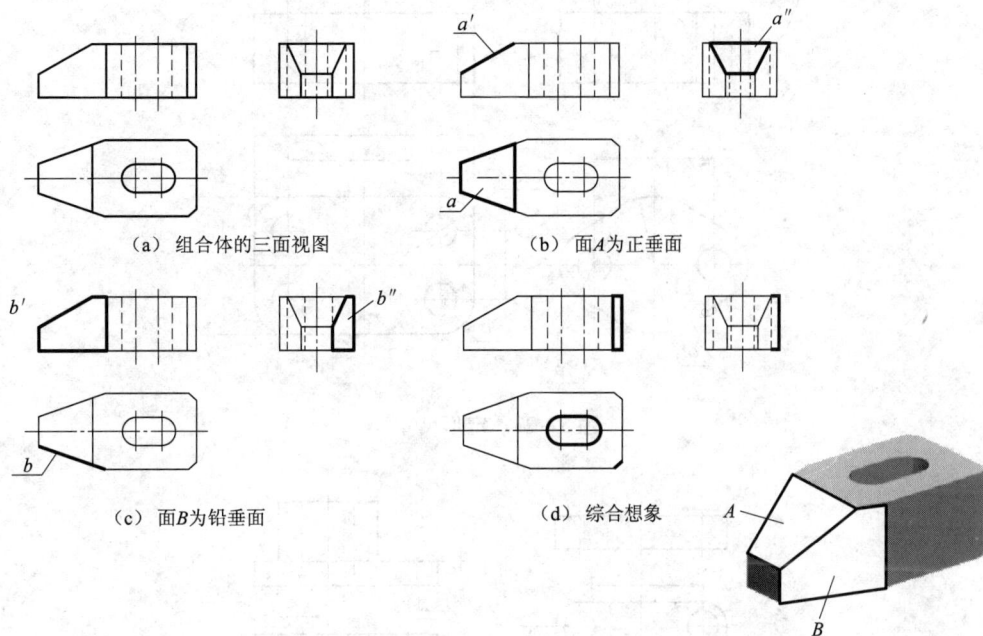

（a）组合体的三面视图　　　　　　（b）面A为正垂面

（c）面B为铅垂面　　　　　　　（d）综合想象

图5-21 线面分析法分析视图

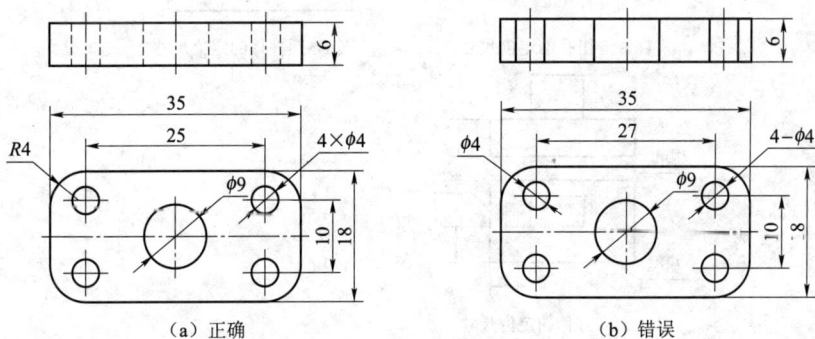

（a）正确　　　　　　　　　（b）错误

图5-22 组合体零件图的尺寸标注

④ 合理：标注的尺寸要符合设计要求及工艺要求。

（2）尺寸基准的选定。

① 尺寸基准：组合体是一个空间形体，有长、宽、高三个方向的尺寸，每个方向至少要有一个基准。

② 如果同一方向有几个尺寸，则其中一个为主要基准，其余为辅助基准且两基准间必须有尺寸联系。

③ 通常以零件的底面、端面、对称平面和轴线作为尺寸基准。

（3）尺寸分类。

① 定形尺寸：确定各基本体形状和大小的尺寸，如图5-23所示。

② 定位尺寸：确定各基本体之间相对位置的尺寸，具体是指组合体和基本形体尺寸基准之间的距离，如图5-24所示。

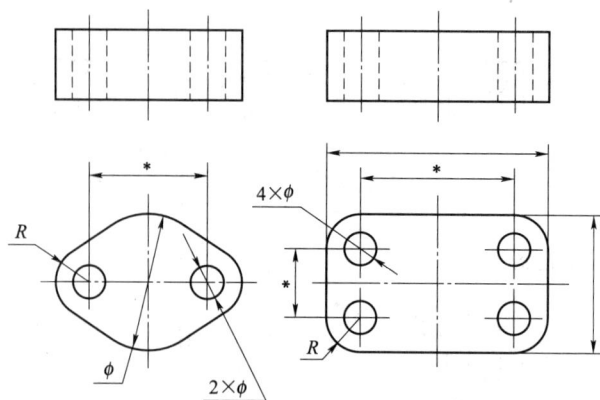

图 5 - 23 定形尺寸

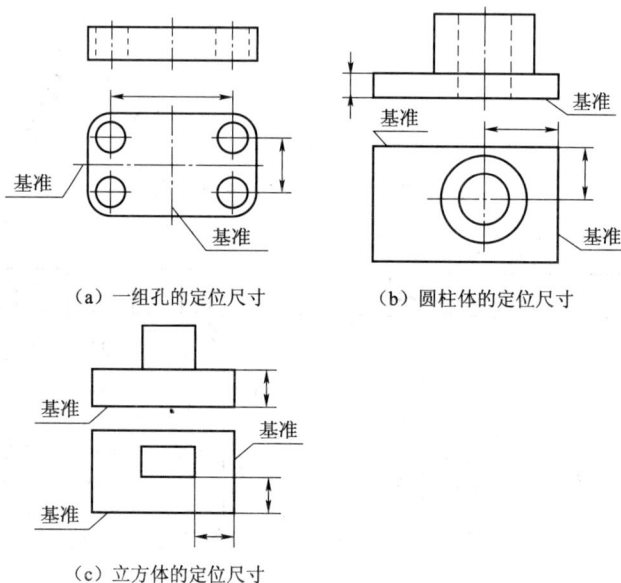

（a）一组孔的定位尺寸　　　　（b）圆柱体的定位尺寸

（c）立方体的定位尺寸

图 5 - 24 定位尺寸

定位尺寸尽量注在反映位置特征明显的视图上，并尽量与定形尺寸集中在一起。

③ 总体尺寸：确定组合体总长、总宽、总高的外形尺寸，有时兼为定形尺寸或定位尺寸最大尺寸，如图 5 - 25 所示。

5）组合体的读图

组合体零件图在读图时需要注意以下一些要点。

（1）以主视图为主，同时遵照"长对正、高平齐、宽相等"的投影规律与其余视图配合读图。

（2）一般以形体分析法为主，以线面投影分析法辅助；对于以切割为主构成的组合体，也可以线面投影分析法为主，辅以形体分析法。

（3）用形体分析法读图的思路是"分线框、对投影"，分别想象各线框对应的形体，再综合想象整体。

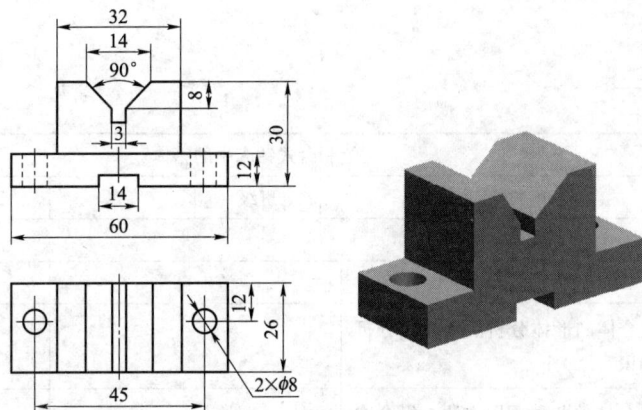

图 5 - 25　总体尺寸

当遇到既有外形（实线）又有内形（细虚线）的情况时，可以先想象外形后想内形；遇到切割形体时，可先想出完整形体，然后再想象被切割的部分形状。

思考与练习

1. 判断图 5 - 26 中（a）、（b）两种标注方法哪个更清晰、更正确？

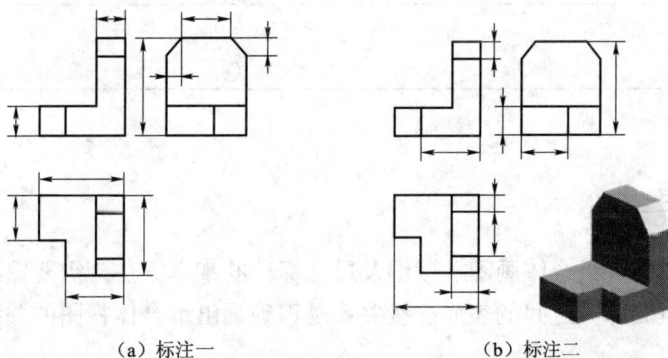

（a）标注一　　　　　　　（b）标注二

图 5 - 26　练习题 1 图

2. 根据形体分析法读图 5 - 27（a）、（b）所示的三视图，除了已给出的立体图外，还有其他可能吗？

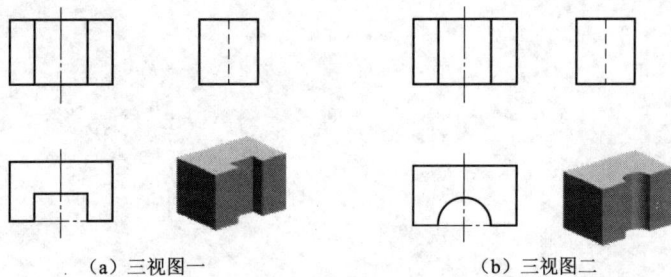

（a）三视图一　　　　　　　（b）三视图二

图 5 - 27　练习题 2 图

学习评价

任务名称		绘制台式钻床中的箱体				
学习小组		组长		班级		日期
组员						
序号	评价内容		学生自评		小组评价	
知识目标	掌握组合体的形体分析法和线面分析法基本知识					
	掌握组合体的各种画图方法，组合体的尺寸注法的基本知识					
能力目标	能够正确运用零件测绘的方法和步骤，进行箱体的具体测绘					
	能够根据零件的形状和尺寸，正确运用组合体的画法和尺寸注法，完成台式钻床中的箱体零件图的绘制					
职业行为	观察、分析、交流、评价、合作的能力					
教师综合评价						

任务小结

（1）形体分析法是组合体画图、读图及尺寸标注的基本方法，需要熟练掌握并应用。

（2）组合体组成部分之间的表面连接关系是正确画出组合体视图的关键，必须掌握。

情 景 6

绘制台式钻床中带轮的零件图

　　带轮是台式钻床实现调速的重要零件，它由一对形状略有不同的塔形带轮组成，如图 6-1 所示。其中一个塔形带轮装于台钻主轴上，另一个装于电机轴上，通过改变 V 带在带轮中的位置来实现对主轴转速的调节。

　　视图主要是表达物体的外部形状，而物体的内部结构在视图中是用虚线表示的。当物体的内部结构较复杂时，视图的虚线也将增多，导致图形层次不清、线与线的重叠，影响图形的清晰性，给看图带来困难。在本情景中，将以带轮为例，学习剖视图的知识，并完成对带轮的测绘和零件图的绘制。所要利用的带轮实物如图 6-2 所示。

图 6-1　台式钻床中的带轮

图 6-2　带轮

任务分析

　　在对带轮进行测绘的基础上，通过学习剖视图的作图知识，能够独立地完成对带轮零件的分析，并弄懂画带轮零件图所涉及的剖视图知识。

　　利用绘图工具，结合带轮的零件实物，用手工作图的方法分别完成带轮零件图的绘制。

学习目标

　　(1) 掌握轮盘类零件的表达方法，视图、剖视图、局部剖视图、局部放大图和常用简化画法的基本知识。

　　(2) 掌握剖视图的尺寸注法的基本知识。

（3）能够正确运用零件测绘方法、步骤，进行带轮的具体测绘。

（4）能够根据零件的形状和尺寸，正确运用剖视图的画法和尺寸注法，完成小型钻床中的带轮零件图的绘制。

任务实施

在绘制带轮的过程中，要求在完成对带轮零件的分析后，按以下步骤进行零件图的绘制。

1. 零件测绘

带轮是以一个阶梯型短轴为基础，外部加工有轮槽，内部加工有内孔零件（见图6-3）。在测量时，需分别测量下列尺寸。

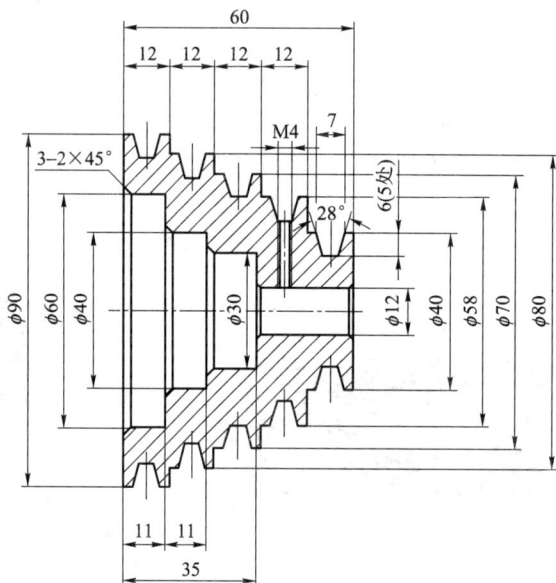

图 6-3 带轮零件

（1）测量带轮形体的外部尺寸，在测量圆柱面尺寸时，同样要注意圆柱面与测量工具——卡尺之间的相对角度，如图6-4所示。

（2）测量带轮形体的内部尺寸，如图6-5所示。

（3）测量带轮形体的轴向尺寸。

2. 画图框和标题栏

为了清楚表达带轮的结构尺寸，在绘制带轮零件图时，选用A4图纸并横置使用，按照国标对图纸幅面尺寸和标题栏的具体要求，绘制出带轮零件图的图框和标题栏（可参考任务3.1的图框和标题栏）。

3. 画带轮的三视图

带轮也属于轮盘类零件，同法兰盘座一样也是由位于同一轴线上数段直径不同的回转体组成，但其径向尺寸比轴向尺寸大。选择视图时，将带轮以加工位置放置即以非圆视图水平摆放设为主视图并用剖视图来表达带轮的内部结构。带轮的三视图选择 1:1 的比例进行绘制。根据测绘的具体结果，完成带轮的绘制。

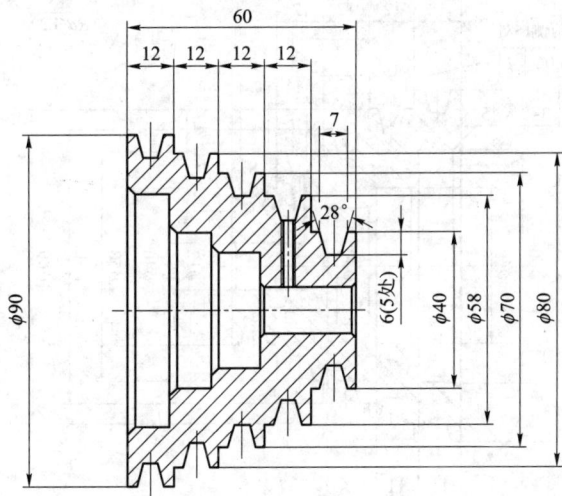

图 6-4　测量带轮形体的外部尺寸

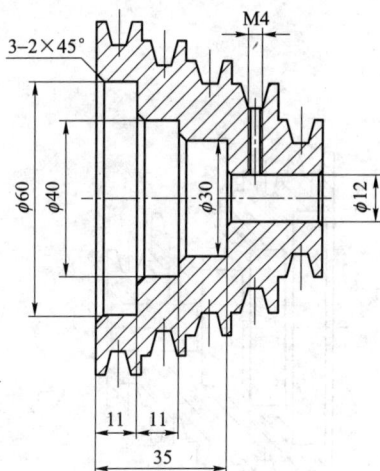

图 6-5　测量带轮形体的内部尺寸

（1）用点划线画出带轮的轴线。

（2）画带轮的外部槽口的形状，如图 6-6 所示。

（3）画带轮的内部结构的形状，如图 6-7 所示。

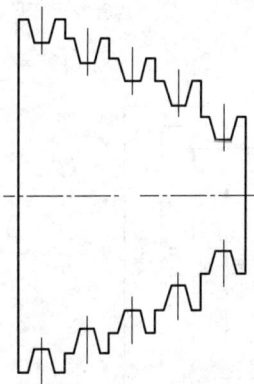

图 6-6　画带轮的外部槽口的形状

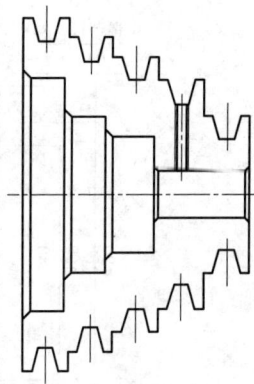

图 6-7　画带轮的内部结构的形状

（4）画剖面线，如图 6-8 所示。

4. 标注尺寸、尺寸公差、形位公差及表面粗糙度

在对带轮进行尺寸公差、形位公差及表面粗糙度标注时，除了需要考虑 V 带与带轮配合以及加工方法的要求以外，还要考虑带轮轴线与带轮端面之间的垂直度。本工件是铸造后经过切削加工而成形的，因此其标注尺寸公差、形位公差及表面粗糙度，如图 6-9 所示。

5. 检查图样并加重

检查带轮零件图以及标注，在确认无误后进行图样加重，最后在标题栏中签字。至此带轮零件图全部绘制完成，如图 6-10 所示。

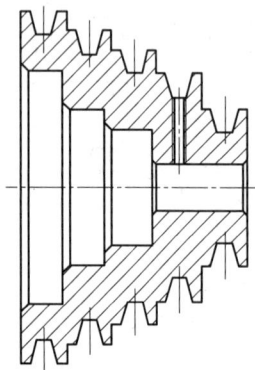

图 6-8 画剖面线

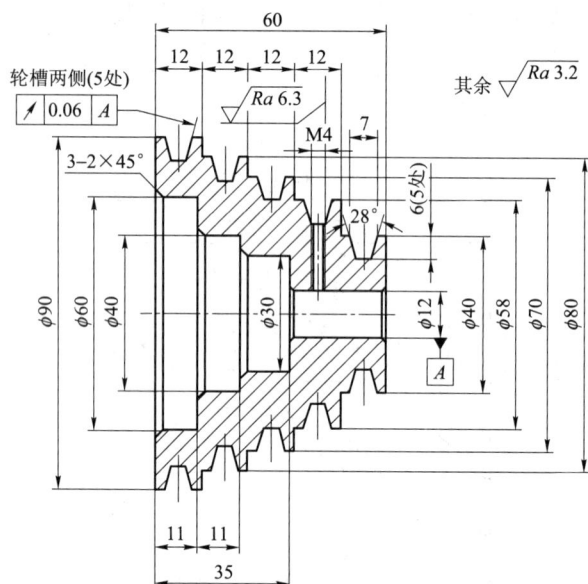

图 6-9 标注完成后的效果

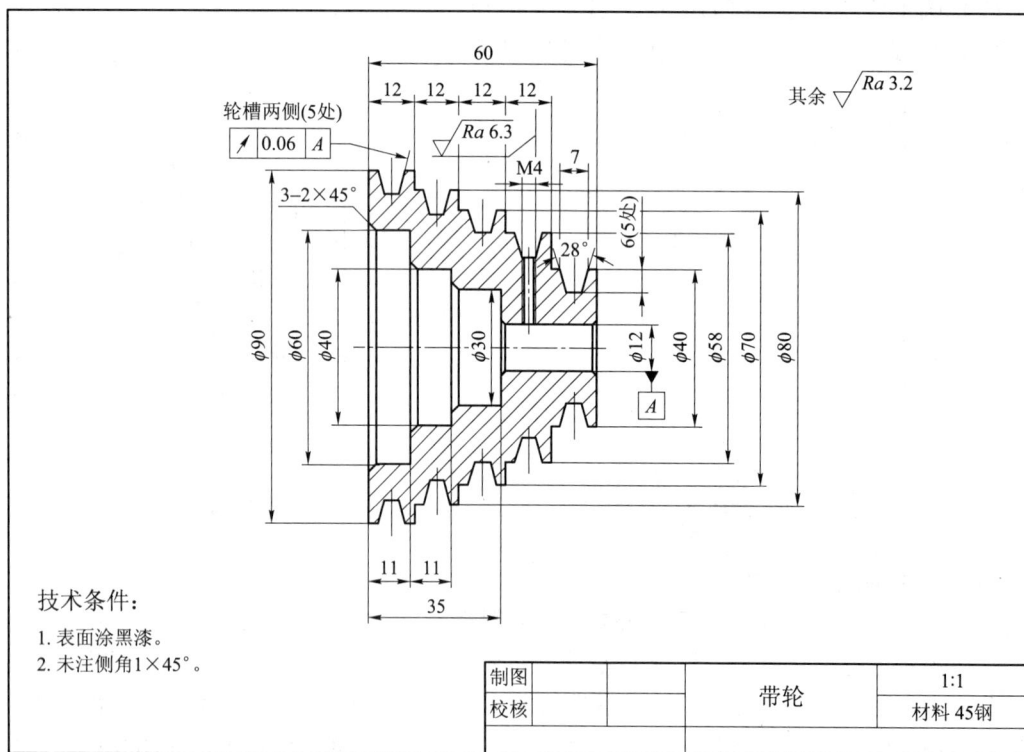

技术条件:

1. 表面涂黑漆。
2. 未注侧角1×45°。

制图		带轮	1:1
校核			材料45钢

图 6-10 带轮零件图

相关知识

1. 剖视图的概念

假想用一个平面切开机件，将处在观察者和剖切面之间的部分移去，那么将剩余部分向投影面投射，所得到的图形就是剖视图，如图 6-11 所示。

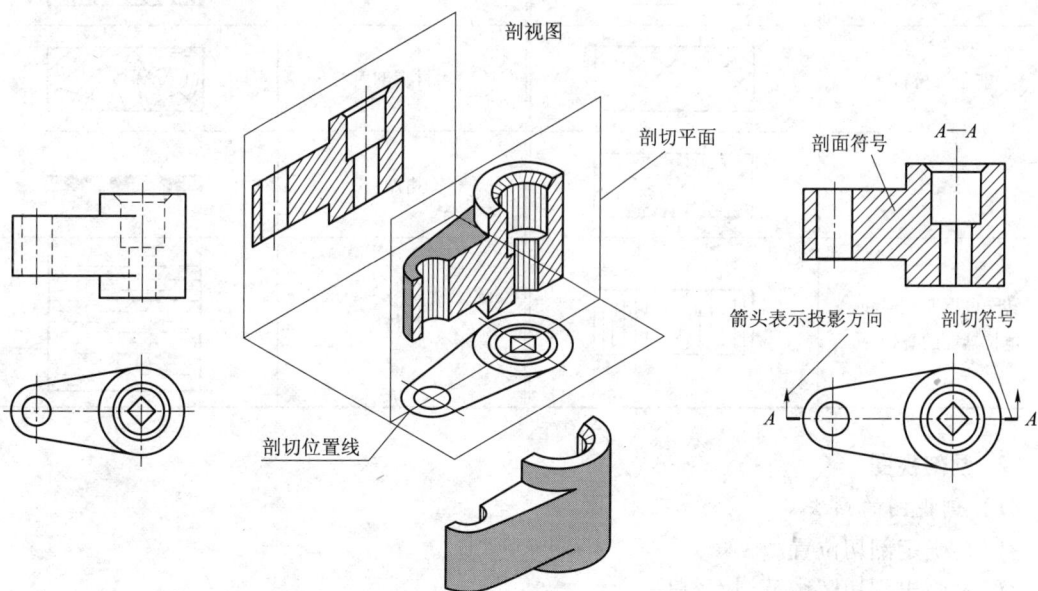

图 6-11　剖视图

剖视图主要是用来表达机件的内部结构，把内部的不可见变为可见，虚线变实线。

剖切面与机件接触的部分称为剖面区域，在剖面区域内，通常要画出剖面符号，不同的材料有不同的剖面符号，在不强调材料时用通用符号即剖面线，画法：画成互相平行、间隔均匀、与主要轮廓成 45°的细实线，如图 6-12 所示。

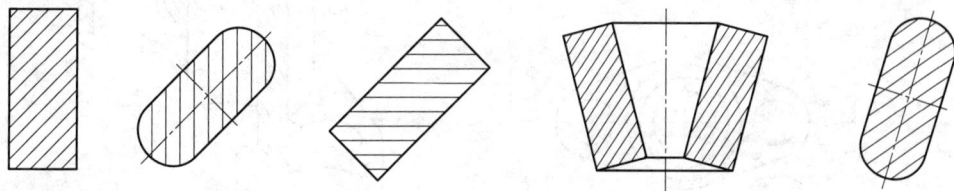

图 6-12　剖面线画法

有关剖面符号的规定如表 6-1 所示，在绘制机械图样时，用得最多的是金属材料的剖面符号。

表 6 – 1 剖面符号的规定

材料	剖面符号	材料	剖面符号
金属材料		胶合板	
线圈绕组元件		钢筋混凝土	
非金属材料		木材横剖面	
混凝土		格网	
转子电枢变压器和电抗器等的叠钢片		液体	

2. 画剖视图

1）剖视图的画法

（1）确定剖切位置。

（2）画出剖切区域及剖面符号。

（3）画出剖切区域后的可见轮廓线，如图 6 – 13 所示。

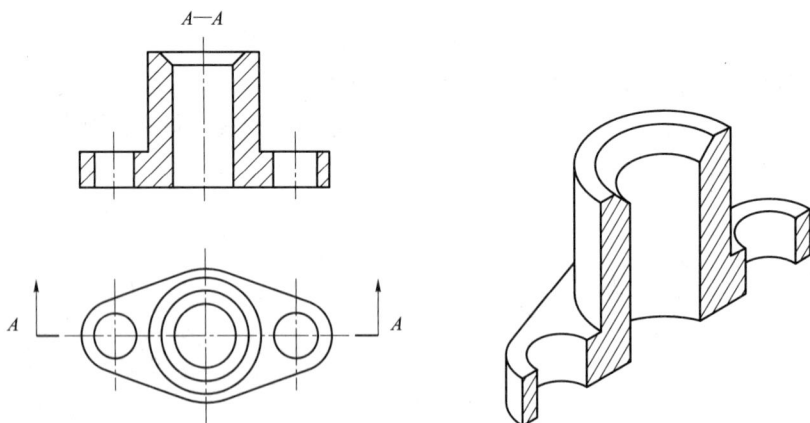

图 6 – 13 剖视图的画法

剖视图一般不画虚线，但剖面区域后的不可见部分如果在其他视图上没有表达清楚，又没必要增加一个视图时，可画出虚线。

2）剖视图的标注

剖视图的标注有剖切线、部切符号、字母三个要素。

（1）剖切线：表示剖切面位置的线，用细点划线表示，剖视图中通常省略不画。

（2）剖切符号：

① 剖切位置，表示剖切面起始和转折位置，用粗实线的短线表示；

② 投射方向，用箭头表示。

（3）字母：在相应剖视图的上方用大写拉丁字母标出"×—×"字样表示剖视图的名称，并在箭头的外侧用标注相同的字母。

3）剖视图的标注方法

剖视图的标注方法可分为全标、不标和省标三种情况。

（1）全标：这是基本规定，即以上三要素全标出。

（2）不标：以上三要素均不标注。在同时满足：单一剖切面通过机件的对称平面或基本对称平面；剖视图按投影关系配置；剖视图与相应视图间没有其他图形隔开时，可不做标注，如图 6 – 14 所示。

（3）省标：省略箭头。仅满足不标条件中的后两个条件时可省略箭头。剖视图的标注包括标注剖切位置、投影方向和剖视图名称。一般用粗短线表示剖切位置，在粗短线外侧画出与其相垂直的细实线和箭头表示投影方向，两侧写上同一字母"×"，在所画的视图上方中间，用相同的字母标出剖视图的名称"×—×"。

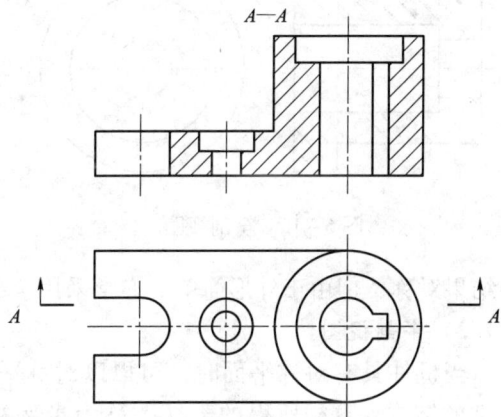

图 6 – 14   剖视图的不标情况

有两种情况可以省略标注：

当剖视图按投影方向配置，中间又没有其他图形隔开时，可省略箭头。

当单一剖切平面通过物体的对称平面或基本对称的平面，且剖视图按投影关系配置，中间又无其他图形隔开时，可省略标注。

4）画剖视图的注意事项

画剖视图时应注意以下一些问题。

（1）剖切平面尽量通过较多的内部结构（孔、槽等）的轴线或对称平面，平行于选定的投影面。

（2）剖视图只是一种表达机件内部结构的方法，是假想剖切，因此除剖视图以外，其他视图仍应完整画出。

（3）剖切面后的可见结构一般应全部画出，在其他视图中表达清楚的不可见轮廓线省略不画。

（4）剖面符号绘制要规范，凡剖切平面与零件接触到的部分都要画剖面符号。

（5）剖切平面的选择要通过机件的对称面或轴线且平行或垂直于投影面。

5）剖视图的配置

剖视图的配置原则如下。

（1）首选按基本视图的规定位置配置。

（2）难以按基本视图方位配置时，可按投影关系配置在与剖切符号相对应的位置上。

（3）必要时允许配置在其他适当位置上。

3. 剖视图的种类

根据剖视图的剖切范围，剖视图可分为全剖视图、半剖视图和局部剖视图三种。前述剖视图的画法和标注，是对三种剖视图都适用的基本要求和规定。

1）全剖视图

用剖切面完全地剖开机件所得的剖视图称为全剖视图。全剖视图适用于内部结构较复杂且不对称的机件或外形比较简单的对称机件，如图6–15所示。

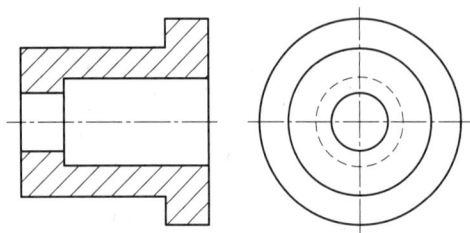

图6–15　全剖视图

全剖视图的标注，可根据实际情况而有所不同。

（1）当剖切平面通过机件对称（或基本对称）平面，且剖视图按投影关系配置，中间无其他视图隔开时，可省略标注。

（2）剖切平面通过的不是对称平面，必须按规定方法标注。

（3）对于一些具有空心回转体的机件，即使结果对称，但由于外形简单，亦常采用全剖视图。

2）半剖视图

当机件具有对称平面时，可以以对称平面为界，用剖切面剖开机件的一半来代表整个机件的结构，这样所得的剖视图称为半剖视图。半剖视图常用于表达内、外形状都比较复杂的对称或基本对称机件，如图6–16所示，这样既表达了机件内部形状，又保留了外部形状。

半剖视图的标注与全剖视图相同。

在作半剖视图时应注意以下一些问题。

（1）半个剖视图与半个视图的分界线应为细点划线，不能画成粗实线。

（2）机件内部形状已在半剖视图中表达清楚的，在另一半表达外形的视图中一般不再画出细虚线。但对于孔或槽等，应画出中心线的位置。

（3）一般情况下，半剖视图采用如下的剖切位置：左右对称，剖右不剖左；前后对称，剖前不剖后；上下对称，剖下不剖上。

3）局部剖视图

用剖切平面局部地剖开机件，所得的剖视图，称为局部剖视图，如图6–17所示。

局部剖视图主要用于当不对称机件的内、外形均需要在同一视图上兼顾表达或对称机件不宜作半剖视（分界线是粗实线时）的情况下，如图6–18（a）所示。另外，当实心零件上有孔、凹坑和键槽等局部结构时，也常用局部剖视图表达，如图6–18（b）所示。

在局部剖视图中，剖视图部分与视图部分之间应以波浪线为界，此时的波浪线也可当作机件断裂处的边界线。波浪线的画法应注意以下几点。

（1）波浪线不能与图形中其他图线重合，也不要画在其他图线的延长线上，如图6–19所示。

（2）波浪线不能超出图形轮廓线。

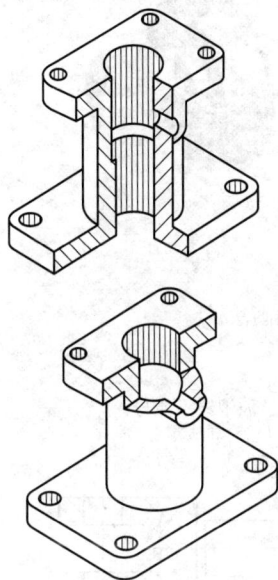

图 6 - 16　半剖视图

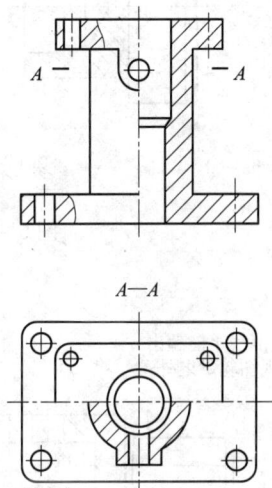

图 6 - 17　局部剖视图

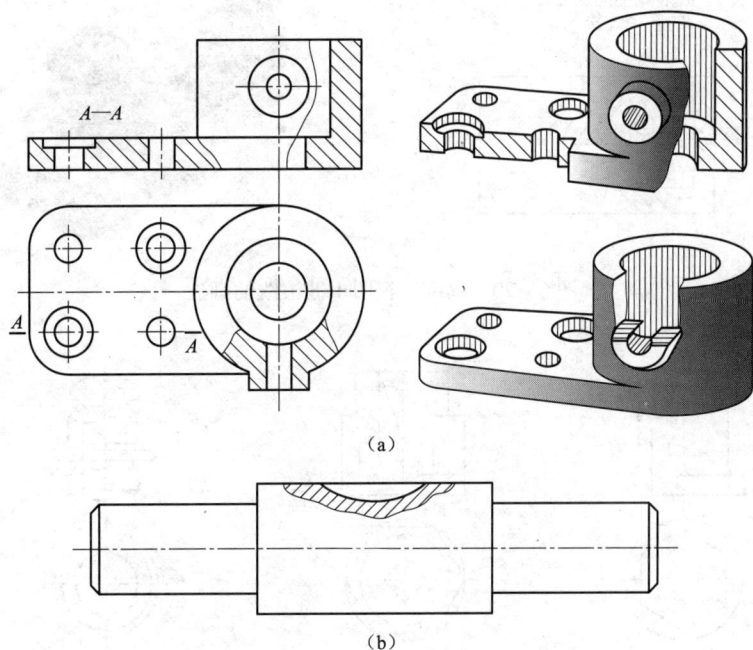

（a）

（b）

图 6 - 18　局部剖视图

（3）波浪线不能穿空而过，如遇到孔、槽等结构时，波浪线必须断开，如图 6 - 20 所示。

单一剖切平面的剖切位置明显时，局部剖视图可省略标注，但当剖切位置不明显或局部剖切视图未按投影关系配置时，则必须加以标注。机件棱线与对称线重合时的局部剖视图的画法如图 6 - 21 （a）所示。

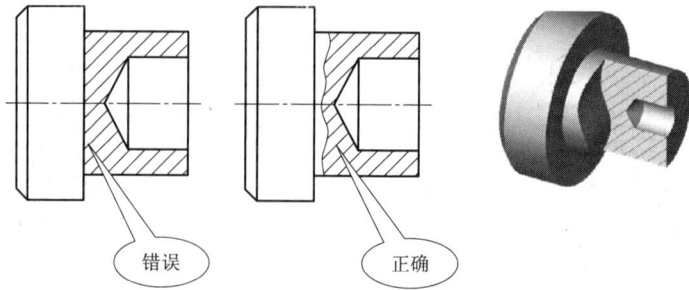

错误

正确

图 6-19 局部剖视图中波浪线的画法

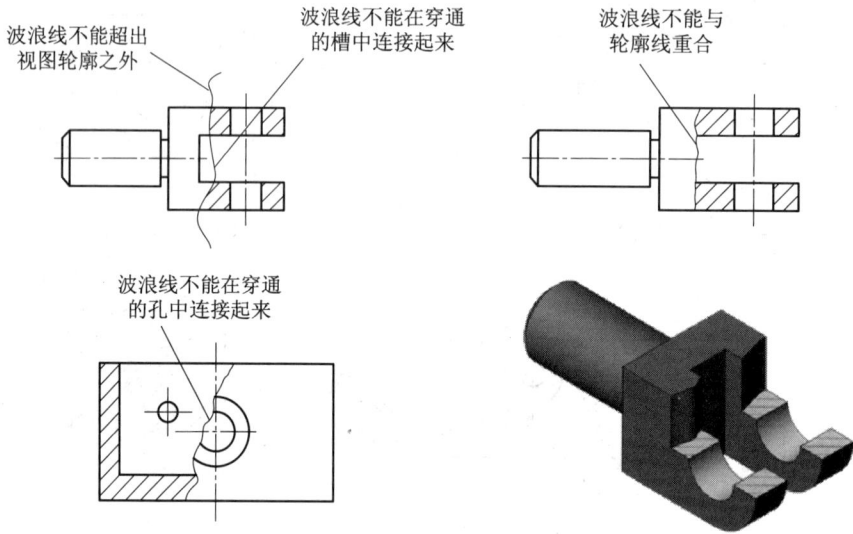

波浪线不能超出
视图轮廓之外

波浪线不能在穿通
的槽中连接起来

波浪线不能与
轮廓线重合

波浪线不能在穿通
的孔中连接起来

图 6-20 局部剖视图中波浪线的画法

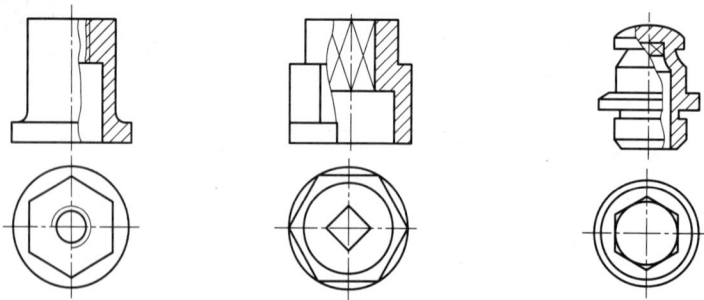

（a）外剖棱线与对称线重合　　（b）内部棱线与对称线重合　　（c）内、外棱线均与对称线重合

图 6-21 机件棱线与对称线重合时的局部剖视图的画法

局部剖视图的剖切范围可大可小，非常灵活，如运用恰当可使表达重点突出，简明清晰。但同一机件的同一视图上局部剖视图的剖切处数不宜过多，否则，会使表达过于凌乱，且会割断它们之间内部结构的联系。

4. 剖视图上的尺寸标注

除前面已讲过的尺寸标注要做到准确、齐全、清晰的要求外，在剖视图上标注尺寸还应注意以下几点。

（1）在半剖视图或局部剖视图上标注内部尺寸（如直径）时。其一端不能画出箭头的尺寸线应略过对称线、回转轴线、波浪线（均为图上的分界线），并只在尺寸线的另一端画出箭头，如图6-22所示。

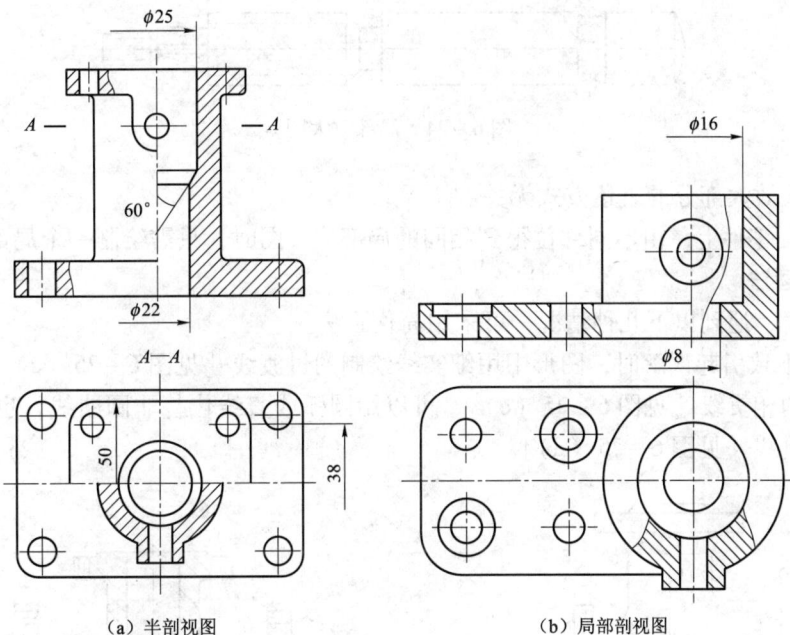

（a）半剖视图　　　　　　　　　（b）局部剖视图

图6-22　省略一端的尺寸线

（2）在剖视图上内、外尺寸应分开标注。

（3）机件上同一轴线的回转体，其直径的大小尺寸应尽量配置在非圆的剖视图上，如6-23图中的画成全剖视图的主视图上的各个直径尺寸，应避免在投影为圆的视图上注成放射状尺寸。

5. 局部放大图

当零件上的部分结构的图形过小时，可以将该部分原图形按比例放大另行画出，就称为局部放大图，如图6-24所示。

画局部放大图时，必须注意以下几点。

（1）当同一零件上有几个需要放大的部位时，必须用罗马数字和采用的比例标明不同的放大部位。

（2）局部放大图可以画成视图、剖视图或剖

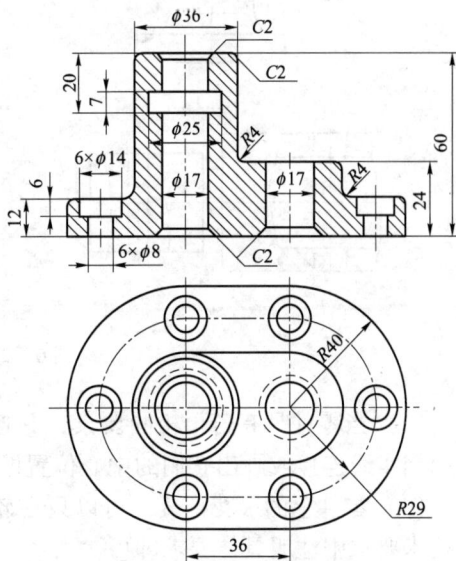

图6-23　全剖视图上尺寸的注法

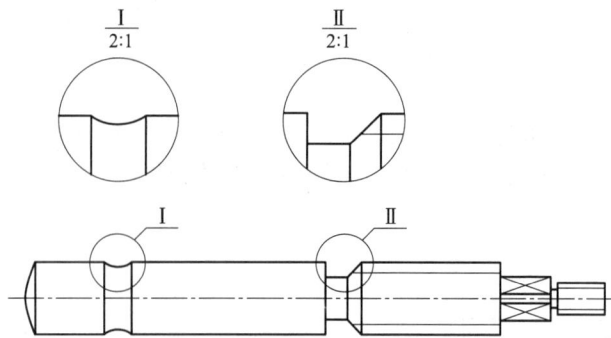

图 6-24　局部放大图

面图，它与被放大部分的表达方式无关。

（3）同一零件上，由不同部位得到相同的局部放大图时，只需绘制一个局部放大图。

6. 简化画法

在作图时，遇到以下几种情况，可采用简化画法。

（1）在不致引起误解时，图形中用细实线绘制的过渡线［见图 6-25（a）、（b）］和用粗实线绘制的相贯线［见图 6-25（c）］，可以用圆弧或直线代替非圆曲线，也可以用模糊画法表示相贯线［见图 6-25（d）］。

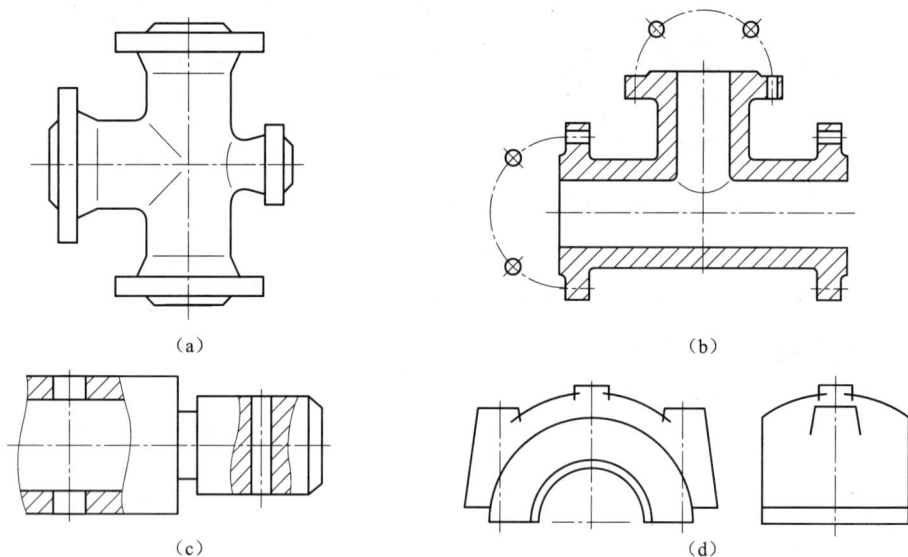

（a）

（b）

（c）

（d）

图 6-25　简化画法（一）

（2）当零件具有若干相同要素，并按一定规律分布时，只需画出几个完整的要素，其余用细实线连接或画出它们的中心位置即可，如图 6-26 所示。

（3）零件上的滚花部分，可以只在轮廓线附近示意地画出一小部分，然后在零件图上或技术要求中注明具体要求即可。

（4）在圆柱体上因钻小孔、铣键槽或铣方头等出现的交线允许省略，但必须有一个视图已清楚地表示了孔、槽的形状。

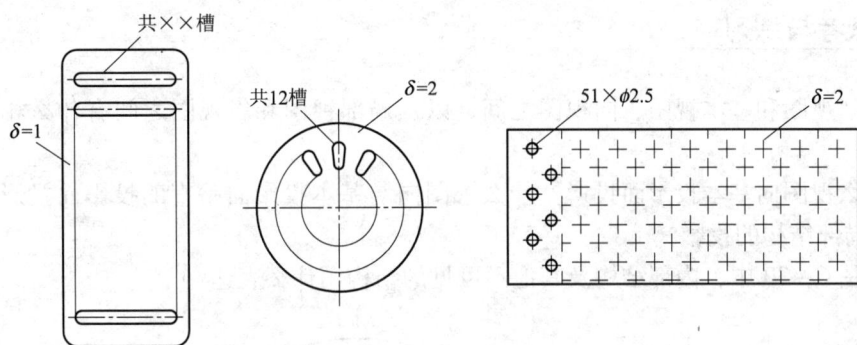

图 6 - 26　简化画法（二）

（5）当图形为对称时，可以只绘制一半并在中心线的两端画出两条与该中心线垂直的平行细实线，如图 6 - 27 所示。

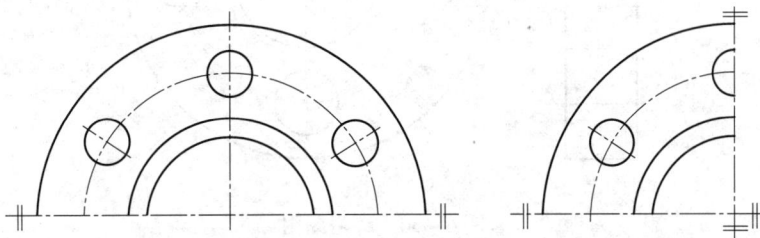

图 6 - 27　简化画法（三）

（6）当不能充分表达回转体零件表面上的平面时，可用平面符号（相交的两条细实线）表示，如图 6 - 28 所示。

（7）轴、杆类较长的零件，当沿长度方向形状相同或按一定规律变化时，允许断开画出，如图 6 - 29 所示。

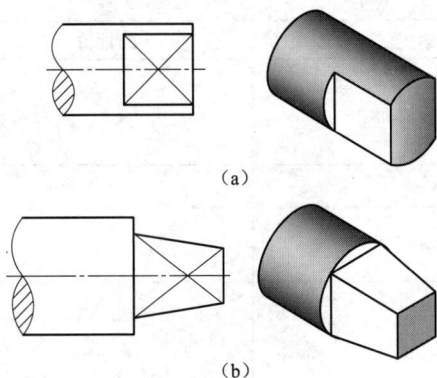

图 6 - 28　简化画法（四）

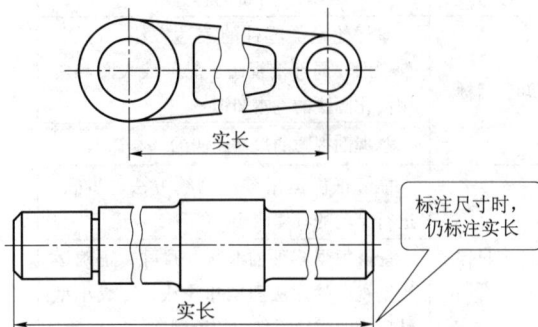

图 6 - 29　简化画法（五）

思考与练习

1. 局部视图和基本视图、向视图之间，以及局部视图和斜视图之间有什么相同和不同之处？

2. 什么视图向基本投影面投影？什么视图向与基本投影面垂直的投影面投影？什么视图是机件局部结构的投影？

3. 在图 6－30 中，内部结构及其他不可见的结构用什么表达？

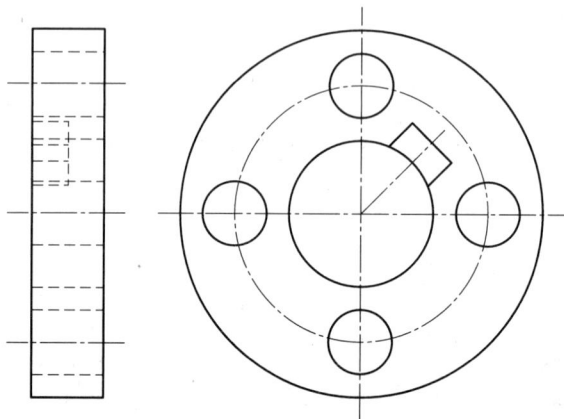

图 6－30　练习题图

4. 用细虚线表达不可见的结构有什么缺点？

学习评价

任务名称		绘制台式钻床中带轮的零件图					
学习小组		组长		班级		日期	
组员							
序号		评价内容		学生自评		小组评价	
知识目标		掌握轮盘类零件的表达方法，视图、剖视图、局部剖视图、局部放大图和常用简化画法的基本知识					
		掌握剖视图的尺寸注法的基本知识					
能力目标		能够正确运用零件测绘方法、步骤，进行带轮的具体测绘					
		能够根据零件的形状和尺寸，正确运用剖视图的画法和尺寸注法，完成小型钻床中的带轮零件图的绘制					
职业行为		观察、分析、交流、评价、合作的能力					
教师综合评价							

情 景 7

绘制手柄和手柄球的零件图

在日常生活中，经常用到螺纹、齿轮、键、销、轴承等零件。由于这些零件的应用范围广泛，需求量大，如果按照正投影法画出它们的真实投影图，不仅很复杂，而且还会给设计工作增加很大负担。因此在作图中可以用规定画法来代替螺纹、齿轮、键、销、轴承等的真实投影图。这样使作图简便，并更能适合生产实际的需要。在本情景中，将以螺纹、齿轮、键、销、轴承为例，学习标准件的知识，完成对螺纹的测绘和螺纹零件图的绘制，并识读齿轮、键、销、轴承等零件，以巩固和提高制图水平。

任务7.1 绘制手柄和手柄球的零件图

任务描述

手柄和手柄球是小型台钻实现进给运动的重要零件，如图7-1所示，手柄的两端加工有外螺纹，手柄球的内部加工有内螺纹。手柄的一端旋入手柄球，另一端旋入齿轮轴的孔中，通过手柄的旋转带动齿轮轴，并与齿条啮合从而实现小型台钻主轴的进给运动。

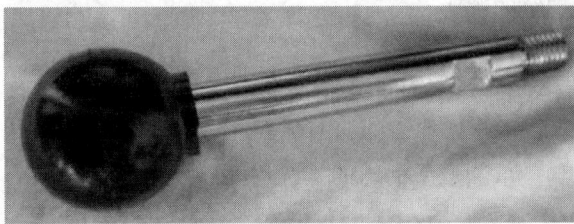

图7-1 手柄和手柄球

知识目标

(1) 掌握螺纹的基本知识。
(2) 掌握内、外螺纹的规定画法及内、外螺纹旋合的画法。
(3) 螺纹的代号含义及尺寸标注。

能力目标

（1）能够正确运用零件测绘的方法和步骤，进行螺纹结构件的测绘。

（2）能够根据零件的形状和尺寸，正确运用所学的制图基本知识，完成小型台钻中螺纹结构件零件图的绘制。

任务分析

1. 分析零件图

在对手柄和手柄球进行测绘的基础上，通过学习螺纹的作图知识，能够独立地完成对手柄和手柄球的分析。

2. 绘制零件图

利用绘图工具，结合手柄和手柄球的零件实物，用手工作图的方法分别完成手柄和手柄球零件图的绘制。

任务实施

在绘制的过程中，要求在完成对手柄和手柄球零件的分析后，按以下步骤进行零件图的绘制。

（1）画图框和标题栏。为了清楚地表达手柄和手柄球，根据其具体尺寸，在绘制手柄和手柄球零件图时，应选用 A4 图纸并纵置使用，按照国家标准对图纸幅面尺寸和标题栏的具体要求，绘制出零件图的图框和标题栏。

（2）手柄零件测绘：手柄零件如图 7-2 所示，长度和直径尺寸的测量工具采用游标卡尺，螺纹尺寸的测量采用游标卡尺和螺纹规。

① 用游标卡尺外端测量爪测量手柄的外圆尺寸以及外螺纹的大径。

② 用螺纹规测量螺纹的螺距。

③ 推算出外螺纹的规定尺寸。

在测量手柄的圆周尺寸时，应注意手柄与测量工具——游标卡尺之间的相对角度。

（3）手柄球零件测绘：手柄球零件如图 7-3 所示。

① 用游标卡尺内测量爪测量手柄球的外圆尺寸以及内螺纹的小径。

图 7-2 手柄零件

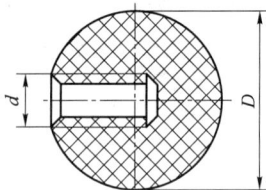

图 7-3 手柄球零件

② 用螺纹规测量螺纹的螺距。

③ 根据表 7 - 1 确定出手柄球的尺寸。

表 7 - 1　手柄球的尺寸

d	D	d	D
M5	16	M10	32
M6	20	M10	35
M8	25	M12	40
M8	25	M14	40

（4）画手柄和手柄球的视图。手柄和手柄球属于组合型的轴类零件，在选择视图时，将手柄和手柄球以非圆视图水平摆放设为主视图。手柄和手柄球的视图选择 1∶2 的缩小比例绘制。根据测绘的具体结果，完成手柄和手柄球的绘制。

① 用点划线画出轴线。

② 用剖视的方法画手柄和手柄球的视图，如图 7 - 4 所示。

图 7 - 4　手柄和手柄球的视图

（5）标注尺寸、尺寸公差、形位公差及表面粗糙度。在对手柄和手柄球进行标注时，因螺纹没有配合要求，因此在标注尺寸公差、形位公差及表面粗糙度时，只需要考虑加工方法的要求即可，如图 7 - 5 所示。

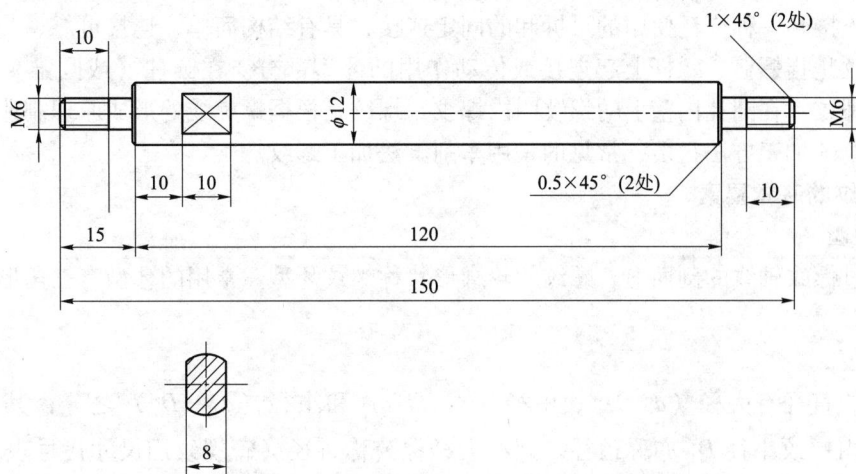

图 7 - 5　手柄和手柄球的尺寸标注

（6）检查图样并加重。检查手柄和手柄球零件图以及标注，在确认无误后进行图样加重，最后在标题栏中签字。至此手柄和手柄球零件图全部绘制完成，如图7－6所示（省略图框和标题栏）。

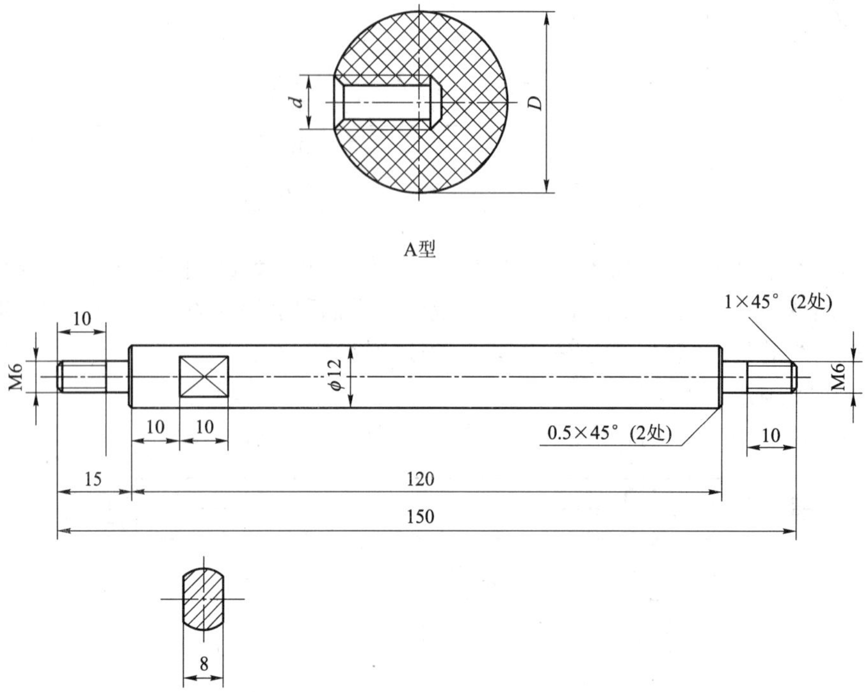

图7－6　手柄及手柄球零件图

相关知识

螺纹连接是一种广泛使用的可拆卸的固定连接，具有结构简单、连接可靠、装拆方便等优点。螺纹是指螺钉、螺杆上起连接或传动作用的牙型部分。在圆柱（或圆锥）表面上的螺纹叫外螺纹；在圆孔内壁上的螺纹叫内螺纹。螺纹是根据螺旋线的形成原理制造的。在生产中，螺纹的加工方法很多，常见的是用车削方法加工螺纹。

1. 螺纹的基本要素

1）牙型

在通过螺纹轴线的剖面上，螺纹的轮廓形状称螺纹牙型。常用的牙型有三角形、梯形和锯齿形等。

2）直径

螺纹的直径有大径（d、D）、中径（d_2、D_2）和小径（d_1、D_1）之分，其中外螺纹大径 d 和内螺纹小径 D_1 亦称顶径。螺纹大径称公称直径（管螺纹用尺寸代号表示）。

（1）大径：与外螺纹牙顶或内螺纹牙底相切的假想圆柱的直径。

（2）小径：与外螺纹牙底或内螺纹牙顶相切的假想圆柱的直径。

（3）中径：通过牙型上沟槽和凸起宽度相等处的一个假想圆柱的直径。

3）线数（n）

螺纹有单线与多线之分。沿一条螺旋线所形成的螺纹称为单线螺纹；沿两条或两条以上在轴向等距分布的螺旋线所形成的螺纹称多线螺纹。

4）螺距（p）和导程（s）

相邻两牙在中径线上对应两点间的轴向距离称为螺距；同一条螺旋线上的相邻两牙在中径线上对应两点间的轴向距离称为导程，如图7-7所示。应注意，螺距与导程是两个不同的概念。

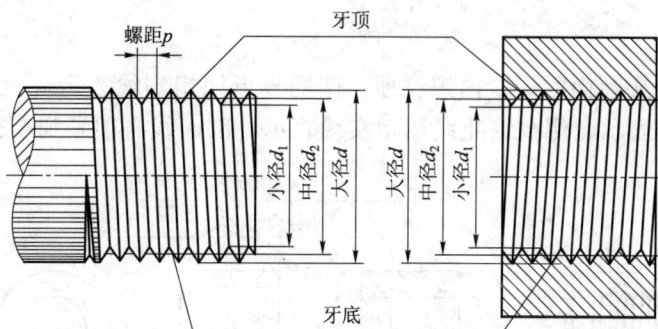

图7-7　螺距和导程

单线螺纹 $p = s$；多线螺纹 $p = s/n$

5）旋向

内、外螺纹的旋转方向称分旋向，螺纹分左旋和右旋两种。如图7-8所示，旋转时顺时针旋入的螺纹称为右旋螺纹；旋转时逆时针旋入的螺纹称为左旋螺纹。

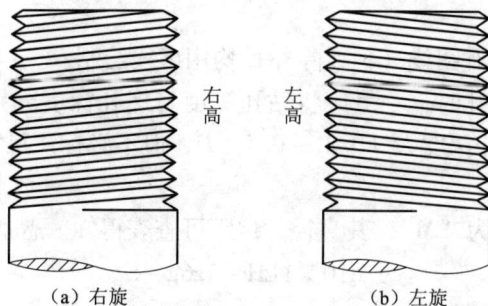

（a）右旋　　　　（b）左旋

图7-8　螺纹旋向

2. 螺纹的画法

1）外螺纹

（1）外螺纹牙顶圆的投影用粗实线表示（见图7-9），牙底圆的投影用细实线表示（通常按牙顶圆投影的0.85倍绘制），螺杆的倒角或倒圆部分也应画出。

（2）在垂直于螺纹轴线的投影面的视图中，表示牙底圆的细实线只画约3/4圈。此时，螺杆或螺孔上倒角圆的投影省略不画。

（3）螺纹终止线用粗实线表示。

（4）在剖视图中，剖面线必须画到大径的粗实线处。

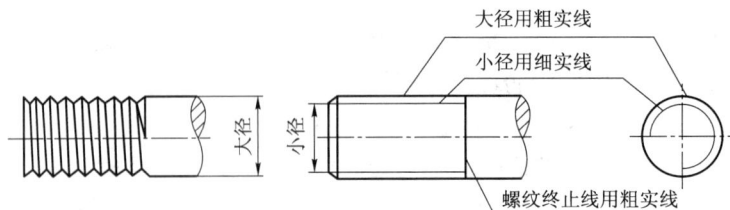

图 7 - 9　外螺纹

2）内螺纹

（1）在剖视图或断面图中，内螺纹牙顶圆的投影用粗实线表示（见图 7 - 10），牙底圆的投影用细实线表示，螺纹终止线用粗实线表示，剖面线必须画到小径的粗实线处。

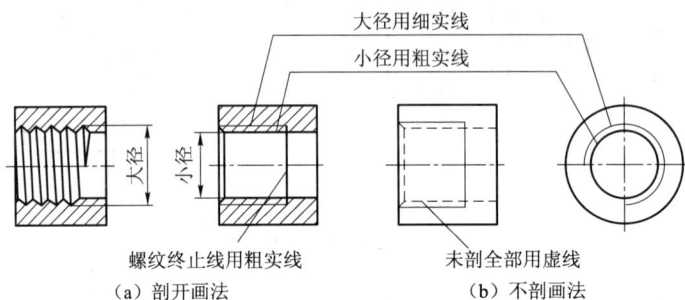

图 7 - 10　内螺纹

（2）在垂直于螺纹轴线的投影面的视图中，表示牙底圆的细实线只画约 3/4 圈，倒角的投影，省略不画。

（3）不可见螺纹的所有图线（轴线除外）均用虚线绘制。

（4）绘制不穿透的螺孔时，一般应将钻孔深度与螺孔深度分别画出，底部的锥顶角画成 70°。钻孔深度应比螺孔深度大 $(0.2 \sim 0.5) D$，但不必标注尺寸。

3. 螺纹的代号及标注

普通螺纹的牙型代号为"M"，其直径、螺距可查表得知。普通螺纹的标注格式，例如：

$$M10 \times 1LH - 5g6g - S$$

M——螺纹代号（普通螺纹）；

10——公称直径 10 mm；

1——螺距 1 mm（细牙螺纹标螺距，粗牙螺纹不标）；

LH——旋向左旋（右旋不标注）；

5g——中径公差带代号（5g）；

6g——顶径公差带代号（6g）；

S——旋合长度代号（短旋合长度）。

螺纹的旋合长度有三种表示法："L"表示长旋合长度；"N"表示中等旋和长度；"S"表示短旋合长度。一般中等旋合长度不表注。

内外螺纹旋合在一起时，标注中的公差带代号用斜线分开，如 $M10 \times 6H/6g$。

当中径和顶径的公差带代号相同时，只标注一个。

普通螺纹标注如图7-11所示。

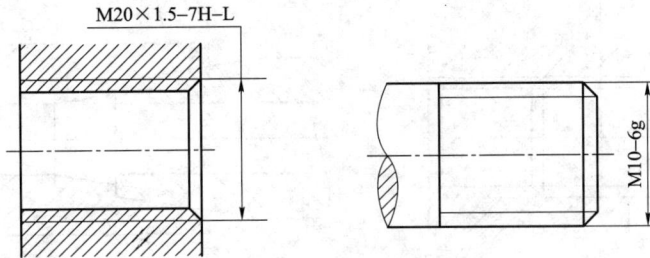

图7-11 普通螺纹标注示例

4. 螺纹连接

在剖视图中，内、外螺纹旋合的部分按照外螺纹画法绘制，其余部分仍按各自的规定画法表示，如图7-12所示。

此时，内、外螺纹的大径和小径应对齐，螺纹的小径与螺杆的倒角大小无关，剖面线均应画到粗实线，如图7-13所示。

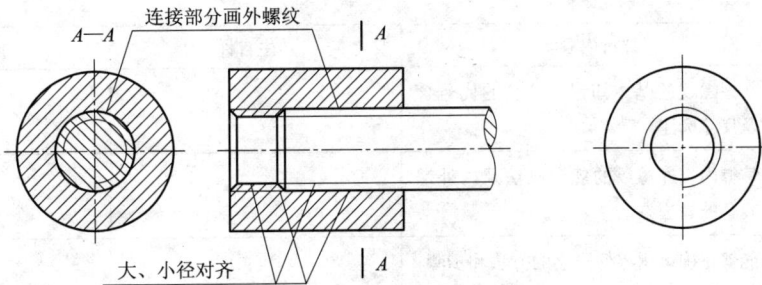

图7-12 螺纹连接

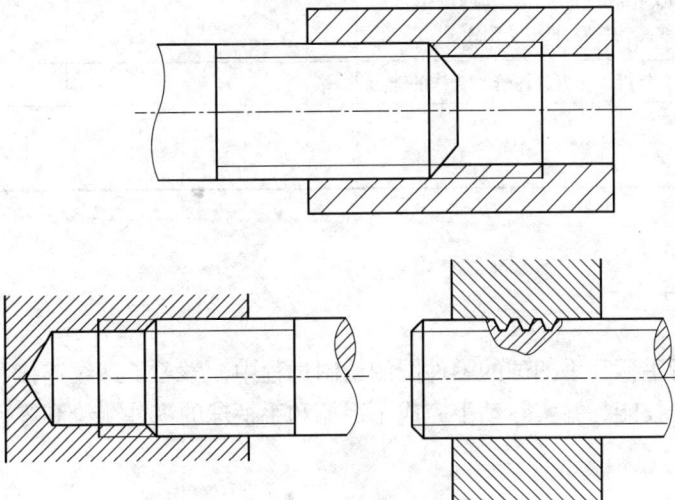

图7-13 螺纹连接简化画法

螺纹连接时的标记，如图 7 – 14 所示。

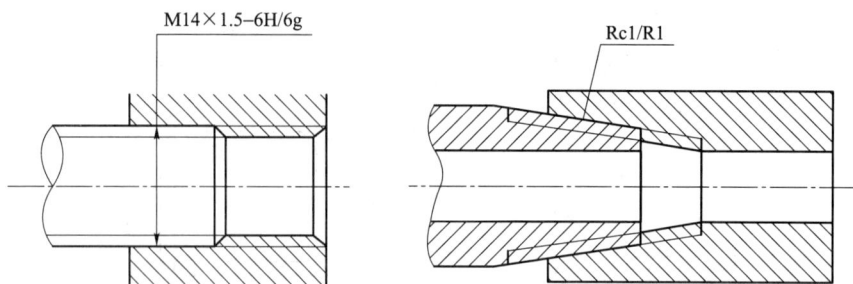

图 7 – 14　螺纹连接的标记

学习评价

任务名称	绘制手柄和手柄球的零件图					
学习小组		组长		班级		日期	
组员						
序号	评价内容		学生自评		小组评价	
知识目标	掌握螺纹的基本知识，螺纹的代号含义及尺寸标注					
	掌握内、外螺纹的规定画法及内外螺纹旋合的画法					
能力目标	能够正确运用零件测绘的方法和步骤，进行螺纹结构件的测绘					
	能够根据零件的形状和尺寸，正确运用所学的制图基本知识，完成小型台钻中的螺纹结构件零件图的绘制					
职业行为	观察、分析、交流、评价、合作的能力					
教师综合评价						

任务小结

在按步骤进行手柄和手柄球的零件图的绘制过程中，学习了螺纹连接和零件图绘制相关的制图基本知识与技能，并实际动手完成了手柄和手柄球的零件测绘和零件图的绘制。

任务 7.2　识读齿轮轴和齿条的零件图

识读零件图的目的，就是要根据零件图想象分析出零件的结构形状，了解零件的尺寸和技术要求等，以便在制造零件时能正确地采用相应的加工方法，来达到图样上提出的要求。

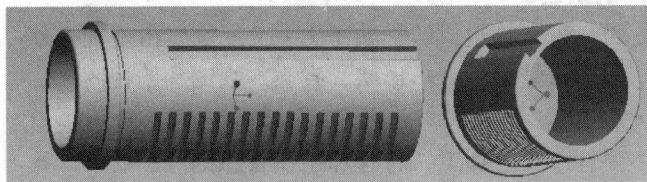

图 7 - 15　齿条

齿条和齿轮轴是一对啮合零件，如图 7 - 15 和图 7 - 16 所示，齿条加工在套筒的外表面上，其内部安装有主轴，进行钻削加工时，通过手柄转动齿轮轴啮合齿条，实现套筒的上下移动来完成小型台钻的进给运动。在本任务中，要结合齿轮轴和齿条的实物，完成对齿轮轴和齿条零件图的识读。

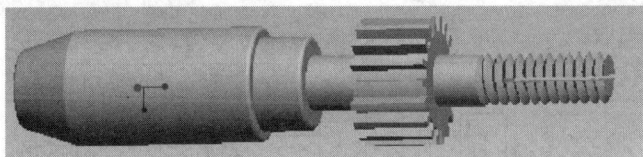

图 7 - 16　齿轮轴

知识目标

（1）了解齿轮的基本知识。
（2）掌握齿轮的规定画法和尺寸注法。

能力目标

能够正确运用所学的制图基本知识，识读齿轮的零件图。

任务分析

1. 分析零件图
通过学习齿轮的作图知识，能够独立地完成对齿轮轴和齿条的分析。

2. 识读零件图
对照齿轮轴和齿条的零件实物，识读齿轮轴和齿条的零件图。

任务实施

齿轮轴和齿条是包含着齿轮啮合规定画法的零件。在识读的过程中，要求在完成对齿轮轴和齿条的零件分析后，按以下步骤进行零件图的识读。

1. 齿轮轴零件图的识读

齿轮轴零件图是由齿轮和轴组成的，如图 7 – 17 所示，由于轴类零件为圆形结构，采用一个主视图基本能够表达清楚轴的基本形状，省去左视图和俯视图。

1）视图表达和结构形状分析

主视图：零件主要在车床上加工，符合加工位置原则。

齿轮等局部结构一般采用移出断面图表达齿轮的结构形状特点。

2）分析尺寸

轴的最大直径为 27 mm，长度 162 mm，轴的径向尺寸以中心线为基准，长度方向尺寸 $\phi27$ mm 轴段的一端面为主要基准，以轴的左端面和右端面为辅助基准。

3）分析技术要求

表面粗糙度要求较高。

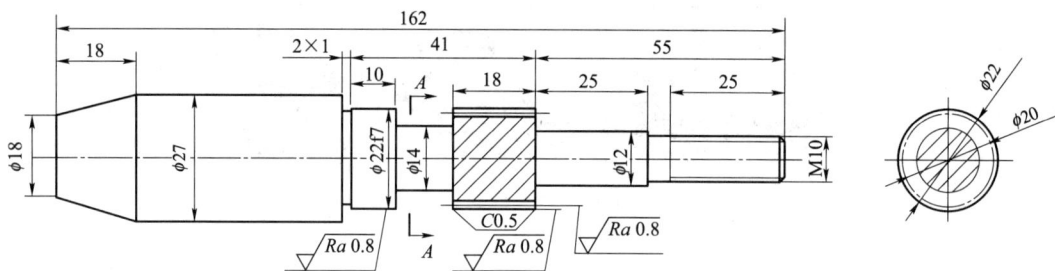

图 7 – 17 齿轮轴零件图

2. 齿条零件图的识读

齿条零件图如图 7 – 18 所示，按照基本齿条的粗轮廓线画。与齿顶线平行的任意一条直线上具有相同的齿距和模数。

1）视图表达和结构形状分析

主视图：零件主要在车床上加工，符合加工位置原则。

主视图表达齿条的齿廓形状为直线，即齿形为直齿，齿高为 3 mm。

2）分析尺寸

轴的径向尺寸以中心线为基准，长度方向尺寸 $\phi30$ mm 轴段的一端面为主要基准，以轴的左端面和右端面为辅助基准。齿条的俯视图表示整个齿宽的形状。齿条分度线和齿廓沿分度线方向的位置必须要定准，形位公差为 $\phi32H9$ mm。

3）分析技术要求

表面粗糙度要求较高，为 $Ra3.2$ μm。

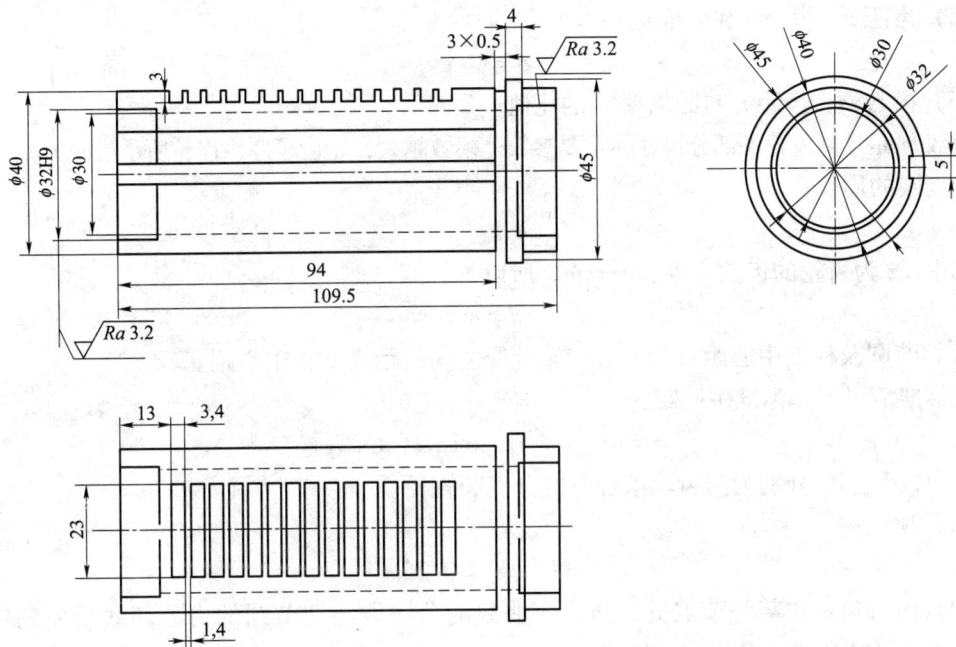

图 7 – 18　齿条零件图

相关知识

齿轮在机械中用于传递运动和动力，以及改变转速及转动方向，是应用最广泛的常用件。

1. 齿轮的参数

根据齿轮的用途和传动情况可分为圆柱齿轮、圆锥齿轮、蜗轮蜗杆、圆柱齿轮等；按齿线的形状可分为直齿轮、斜齿轮、人字齿轮等。

直齿圆柱齿轮的齿向与齿轮轴线平行，在齿轮传动中应用最广，称直齿轮。其各部分名称、代号及尺寸关系，如图 7 – 19 所示。

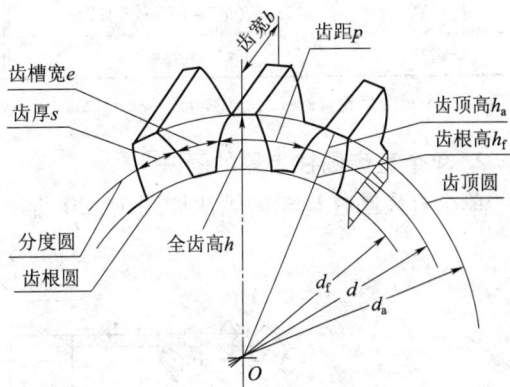

（1）齿顶圆及齿顶圆直径：d_a。

（2）齿根圆及齿根圆直径：d_f。

（3）分度圆及分度圆直径 d：分度圆是

图 7 – 19　直齿圆柱齿轮各部分名称、代号

一个约定的假象圆，齿轮的轮齿尺寸均以此圆直径为基准确定，该圆上的齿厚 s 和齿槽宽 e 相等。

（4）齿高 h、齿顶高 h_a 和齿根高 h_f：

$$h = h_a + h_f$$

（5）齿距 p、齿厚 s 和齿槽宽 e：

$$p = s + e$$

（6）模数 m：齿距 p 与圆周率 π 的比值。

模数 m 是计算齿轮各部分尺寸的重要参数，模数越大，轮齿越厚，齿轮所承受的力就越大。

分度圆的周长：

$$\pi d = zp$$

式中，z 为齿轮的齿数。令 $p/\pi = m$，所以

$$d = mz$$

（7）节圆及标准中心距：两啮合齿轮轴线之间的距离称为中心距。

在标准情况下，标准中心距为：

$$a = (d_1 + d_2)/2 = m/2(z_1 + z_2)$$

式中，d_1、d_2 分别为两齿轮啮合时的分度圆直径。

（8）顶隙：

$$c = h_f - h_a = 0.25m$$

（9）压力角：在某一节点处，两齿廓曲线的公法线与两节圆的内公切线所夹的锐角，称为压力角（或称齿形角），一般取 $\alpha = 20°$。

表 7 - 2　直齿圆柱齿轮各部分名称、代号及尺寸关系

名称及代号	公　式	名称及代号	公　式
模数	$m = p/\pi$	齿根圆直径	$d_f = d - 2h_f = (z - 2.5)m$
压力角（齿形角）	$\alpha = 20°$（标准齿轮）	齿距	$p = m\pi$
分度圆直径	$d = m * z$	齿厚	$s = p/2$
齿顶高	$h_a = h_a^* m$	槽宽	$e = p/2$
齿根高	$h_f = (h_a^* + c^*)m = 1.25m$	中心距	$a = m(z_1 + z_2)/2$
全齿高	$h = h_a + h_f = 2.25m$	齿顶圆直径	$d_a = d + 2h_a = (z + 2)m$

注：对于标准齿轮（$z > 17$），$h_a = m$，$h_f = 1.25m$，$h = 2.25m$。

2. 单个直齿圆柱齿轮的画法

单个直齿圆柱齿轮的画法如图 7 - 20 所示，齿顶圆及齿顶线用粗实线绘制。

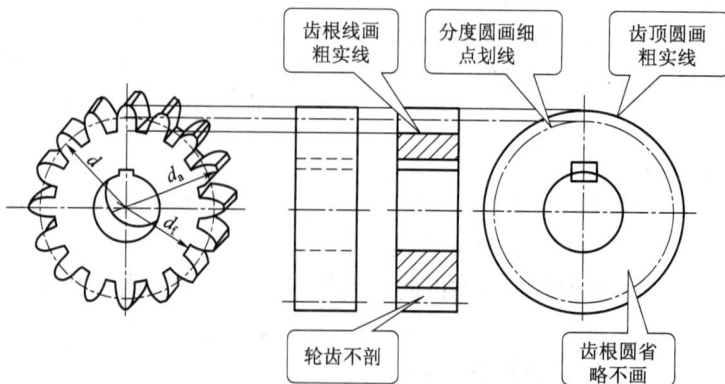

图 7 - 20　单个直齿圆柱齿轮的画法

分度圆及分度线用细点划线绘制。

齿根圆及齿根线用粗实线（剖视图）绘制或省略不画（视图）。

3. 两齿轮啮合的画法

两齿轮啮合的画法中，有以下几点需要注意。

（1）在与轴线平行的投影面的视图中，啮合区的齿顶线无须画出，节线用粗实线绘制，其他处的节线用点划线绘制。

（2）在与轴线垂直的投影面的视图中，啮合区内的齿顶圆均用粗实线绘制，也可省略不画，节圆用细点划线绘制。用剖视图表达的啮合图，当剖切平面通过两啮合齿轮的轴线时，啮合区内一个齿轮的轮齿用粗实线绘制，另一个齿轮的轮齿被遮挡部分用虚线绘制，如图7-21所示，必要时可省略不画。

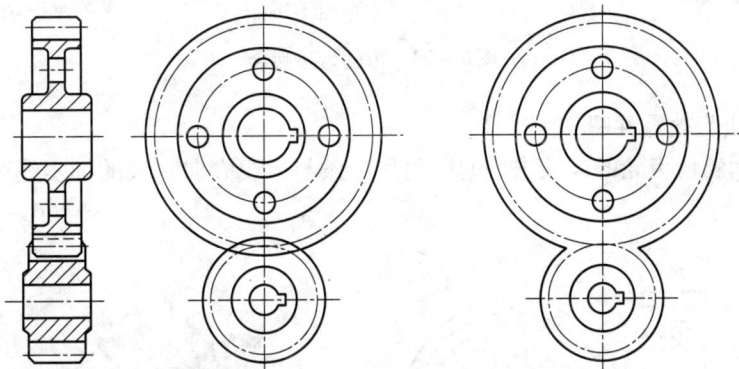

图 7-21 直齿圆柱齿轮的啮合画法

（3）在齿轮啮合的剖视图中，由于齿根高与齿顶高相差 $0.25m$，因此，一个齿轮的齿顶线和另一个齿轮的齿根线之间，应有 $0.25m$ 的间隙，如图7-22所示。

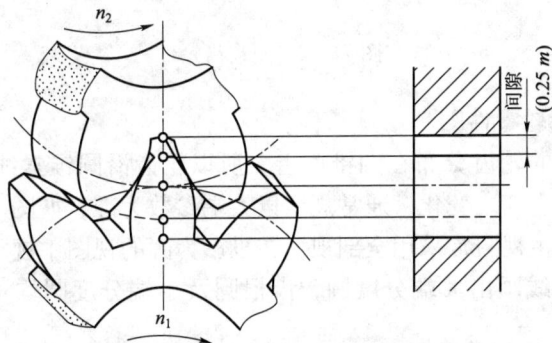

图 7-22 啮合齿轮的间隙

啮合区：齿顶圆（线）用粗实线绘制或不画出。分度齿顶圆用细点划线绘制，齿根圆（线）用粗实线绘制（非圆视图）或用细实线绘制亦可不画出（圆视图）。

非啮合区：同单个齿轮一致。

4. 识读齿轮齿条啮合零件图

齿轮直径无限大时，齿顶圆、齿根圆、分度圆和齿廓都可理解成直线，这样齿轮就成为齿条，如图 7 – 23 所示。

齿轮与齿条啮合的画法与齿轮啮合画法基本相同。

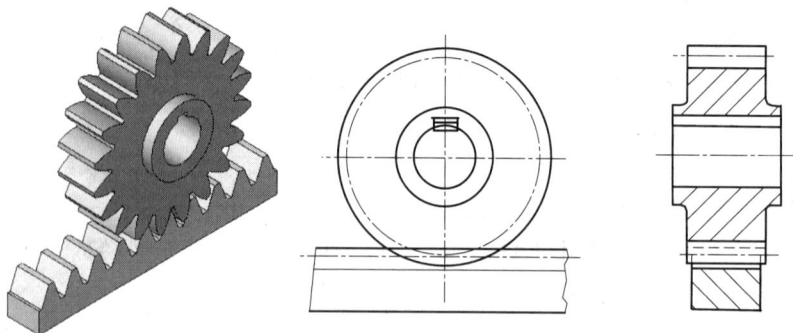

图 7 – 23　齿轮齿条啮合

5. 识读斜齿齿轮零件图

当需要表示斜齿齿轮的齿线方向时，可用三条与齿线方向一致的细实线表示，如图 7 – 24 所示。

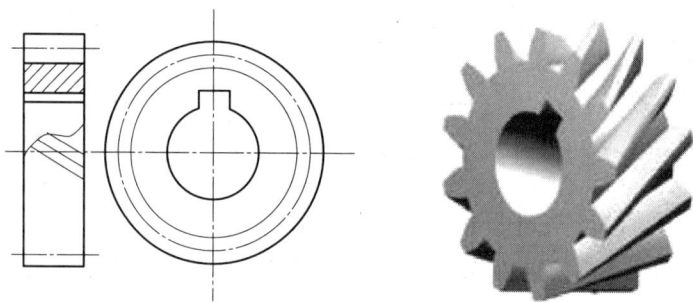

图 7 – 24　斜齿齿轮

6. 识读直齿圆锥齿轮零件图

由于直齿圆锥齿轮的轮齿分布在圆锥面上，所以轮齿沿圆锥素线方向的大小不同，模数、齿数、齿高、齿厚也随之变化，通常规定以大端参数为准，如图 7 – 25 所示。

单个直齿圆锥齿轮主视图常采用全剖视，在投影为圆的视图中规定用粗实线画出大端和小端的齿顶圆，用点划线画出大端分度圆，齿根圆及小端分度圆均不必画出，如图 7 – 26 所示。

直齿圆锥齿轮啮合的主视图一般画成全剖视图，由于两齿轮的节圆锥面相切，所以其节线重合，用点划线画出；在啮合区内，应将其中一个齿轮的齿顶线画成粗实线，而将另一个齿轮的齿顶线画成虚线或省略不画，如图 7 – 27 所示。

7. 识读蜗轮与蜗杆及蜗杆与蜗轮啮合零件图

蜗杆与蜗轮的画法与圆柱齿轮的画法基本相同。

蜗杆的主视图上用局部剖视图表示齿形，齿顶圆用粗实线画出，分度圆用点划线画出，齿根圆用细实线画出或省略不画。

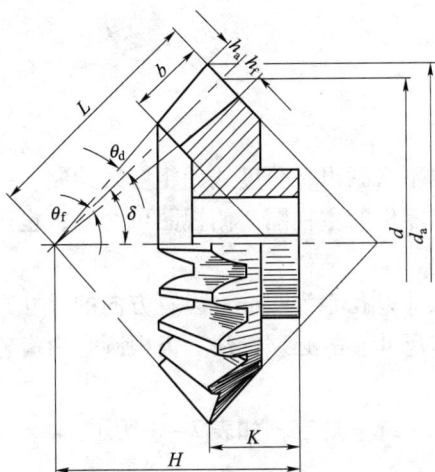

图 7-25　直齿圆锥齿轮

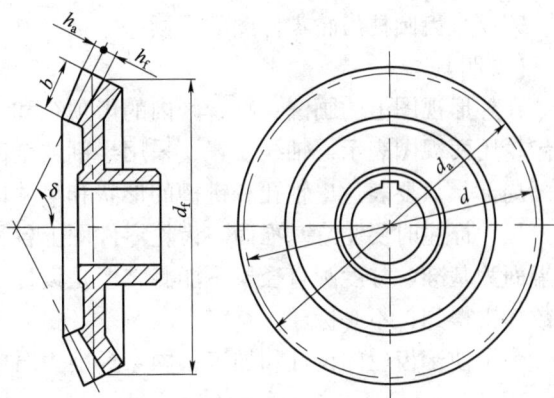

图 7-26　直齿圆锥齿轮的画法

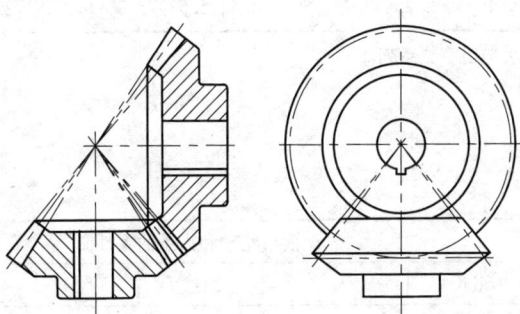

图 7-27　直齿圆锥齿轮啮合画法

蜗轮通常用剖视图表达，在投影为圆的视图中，只画分度圆、最外圆和齿顶圆。

蜗杆、蜗轮啮合区的齿顶圆都用粗实线画出。画图时要保证蜗杆、蜗轮的分度圆相切，如图 7-28 所示。

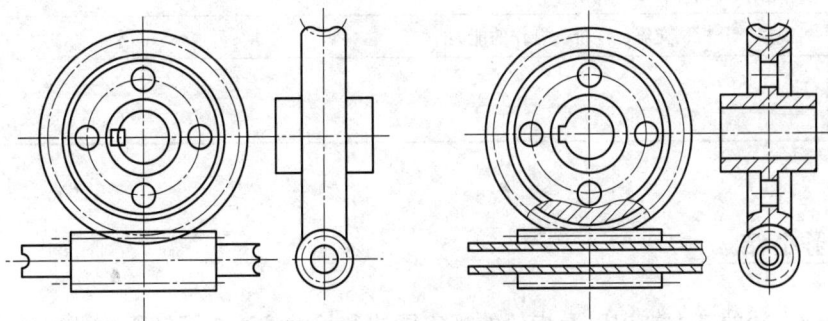

图 7-28　蜗杆与蜗轮啮合画法

思考与练习

完成直齿圆柱齿轮零件图的识读。

【说明】

在外形视图上的画法：啮合区内的齿顶线和齿根线不必画出，分度线用粗实线绘制。一般齿轮用两视图表示，轴线横置，采用半剖或全剖画出零件的主视图，俯视图可全画，也可只画局部，只要表达出轴孔和键槽的形状和尺寸即可。

尺寸标注时要注意基准面。齿轮零件图上各径向尺寸以孔心为基准，齿宽方向的尺寸则以端面为基准。分度圆直径虽不能测，但是设计之基本尺寸，故必须标注。齿根圆是由齿轮参数加工得到，不必标注。

为了便于齿轮的设计和加工，国家标准中对模数作了统一规定，如表7-3所示。

表7-3 标准模数系列

第一系列	1, 1.25, 1.5, 2, 2.5, 3, 4, 5, 6, 8, 10, 12, 16, 20, 25, 32, 40, 50
第二系列	1.75, 2.25, 2.75, 3.5, 4.5, 5.5, 7, 9, 14, 18, 22, 28, 36, 45

注：优先选用第一系列，其次选用第二系列。

学习评价

任务名称	识读齿轮轴和齿条的零件图					
学习小组		组长		班级		日期	
组员						
序号	评价内容		学生自评		小组评价	
知识目标	了解齿轮的基本知识					
	掌握齿轮的规定画法和尺寸注法					
能力目标	能够正确运用所学的制图基本知识					
	识读齿轮的零件图					
职业行为	观察、分析、交流、评价、合作的能力					
教师综合评价						

任务小结

通过识读齿轮的基本知识以及齿轮的规定画法和尺寸注法，了解零件的尺寸和技术要求等，以便在制造零件时能正确地采用相应的加工方法，来达到图样上提出的要求。

任务7.3 识读花键轴和花键轴套的零件图

任务描述

　　花键轴和花键轴套是一对相互配合的传动零件，如图7-29和图7-30所示，花键轴上固定有钻夹头，花键轴套通过螺纹与带轮连接，带轮旋转运动通过花键轴套与花键轴的配合，传递到夹紧在钻夹头的钻头上，从而完成钻削加工。在本任务中，将结合花键轴和花键轴套的实物，完成对花键轴和花键轴套零件图的识读。

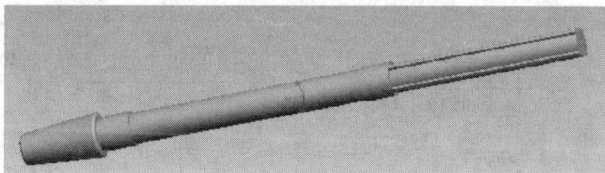

图7-29 花键轴

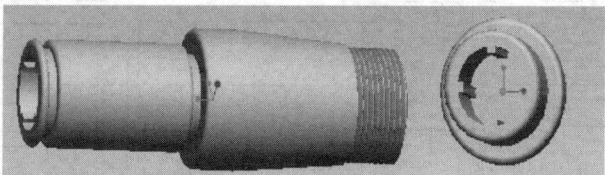

图7-30 花键轴套

知识目标

（1）了解花键的基本知识、画法和尺寸注法。
（2）掌握断面图的基本知识和尺寸注法。

能力目标

（1）能够正确运用所学的制图基本知识，识读花键的零件图。
（2）能够根据零件的形状和尺寸，完成断面图的画法和尺寸注法。

任务分析

1. 分析零件图
通过学习花键的作图知识，能够独立地完成对花键轴和花键轴套的分析。

2. 识读零件图

对照花键轴和花键轴套的零件实物，识读花键轴和花键轴套的零件图。

任务实施

花键轴和花键轴套是包含着花键连接画法的零件。在识读的过程中，要求在完成对花键轴和花键轴套零件的分析后，按以下步骤进行零件图的识读。

1. 识读花键轴和花键轴套零件图

1）识读花键轴零件图

花键轴的零件图如图 7 - 31 所示。

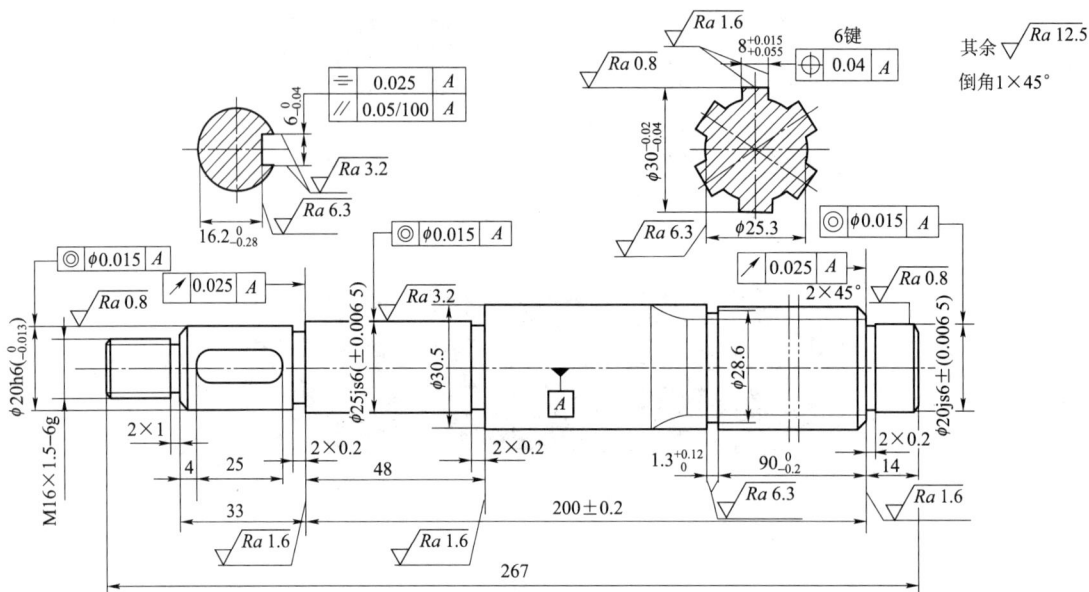

图 7 - 31　花键轴零件图

（1）识读外花键及其尺寸标注。

在平行于外花键轴线的投影面的视图中（见图 7 - 32），大径用粗实线绘制，小径用细实线绘制；并用断面图画出全部或一部分齿型，但要注明齿数；工作长度的终止端和尾部长度的末端均用细实线绘制，并与轴线垂直；尾部则画成与轴线成 30° 角的斜线；花键代号应

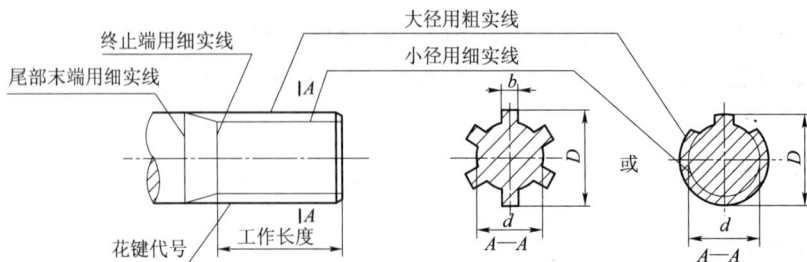

图 7 - 32　外花键的画法

写在大径上。

外花键的标注可采用一般尺寸标注法和代号标注法两种。一般尺寸标注法应标注出大径 D、小径 d、键宽 B（及齿数 n）、工作长度 L；用代号标注时，指引线应从大径引出，代号组成为：

齿数×小径×小径公差带代号×大径×大径公差带代号×齿宽公差带代号

（2）识读内花键及其尺寸标注。

内花键的画法和标注和外花键相似（见图 7 - 33），只是表示公差带的代号用大写字母表示。

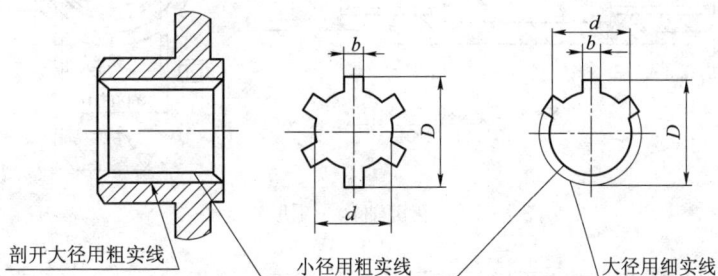

图 7 - 33　内花键的画法

（3）识读花键连接及其尺寸标注。

一般用剖视图表示花键连接，如图 7 - 34 所示。

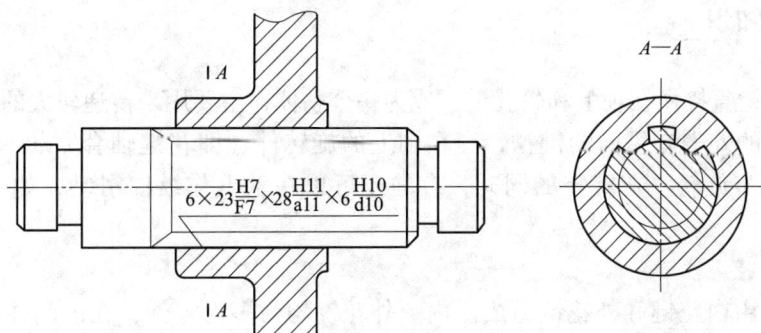

图 7 - 34　花键连接

花键连接的画法与螺纹连接的画法相似，即公共的连接部分用外花键（花键轴）的画法表示，不重合部分按各自画法画出。

2）识读花键轴套零件图

花键轴套（矩形）零件图如图 7 - 35 所示，其标注代号为：

图形符号齿数×小径×大径×键宽及标准编号

代号用指引线注写，指引线指到大径上。

2. 测量花键轴和花键轴套

测量花键轴和花键轴套的步骤如下。

（1）测量时，先准备两根圆棒，圆棒尺寸为（$b+2$）mm，公差 K7、圆柱度为七级。

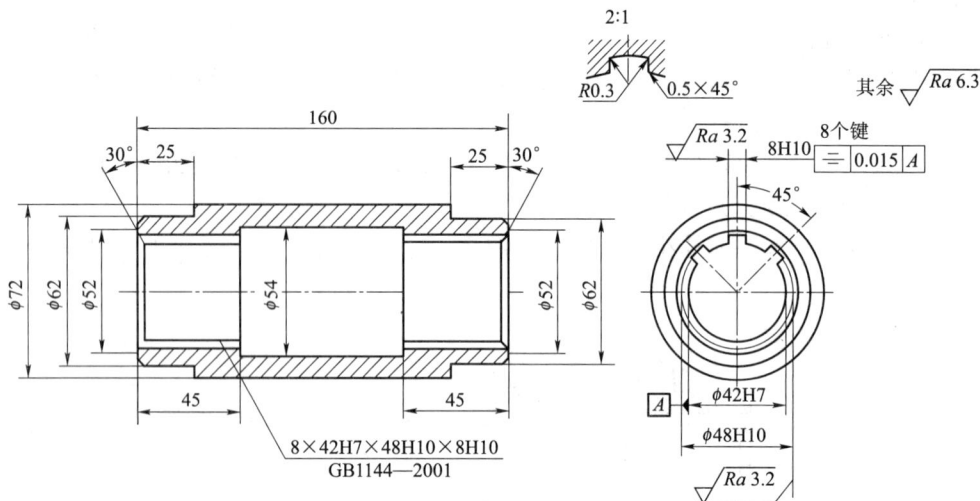

图 7 – 35　花键轴套（矩形）零件图

（2）用千分尺测量花键轴两齿的实际宽度 $b1$、$b2$。

（3）用千分尺测量花键轴内径实际尺寸。

（4）将两根圆棒外圆与两齿侧相切，再用千分尺测量两根圆棒外圆间的实际尺寸。

（5）计算花键齿的等分角。

相关知识

花键是把键直接做在轴上和轮孔上，成为一个整体，主要用来传递较大的转矩。

在花键轴的外表有纵向的键槽，套在轴上的旋转件（即花键轴套）也有对应的键槽，可保持跟轴同步旋转。在旋转的同时，有的还可以在轴上作纵向滑动，如变速箱换挡齿轮等。

1. 花键连接

花键连接由内花键和外花键组成。内、外花键均为多齿零件，在内圆柱表面上的花键为内花键，在外圆柱表面上的花键为外花键。显然，花键连接是平键连接在数目上的发展。

花键连接是由多个键齿与键槽在轴和轮毂孔的周向均布而成。花键齿侧面为工作面，适用于动、静连接。

1）特点

由于结构形式和制造工艺的不同，与平键连接相比，花键连接在强度、工艺和使用方面有下列一些特点。

（1）因为在轴上与毂孔上直接而均匀地制出较多的齿与槽，故连接受力较为均匀。

（2）因槽较浅，齿根处应力集中较小，轴与毂的强度削弱较少。

（3）齿数较多，总接触面积较大，因而可承受较大的载荷。

（4）轴上零件与轴的对中性好，这对高速及精密机器很重要。

（5）导向性好，这对动连接很重要。

（6）可用磨削的方法提高加工精度及连接质量。

（7）制造工艺较复杂，有时需要专门设备，成本较高。

花键连接主要用在定心精度要求高、传递转矩大或经常滑移的场合。

2）分类

花键连接按齿形的不同，可分为矩形花键和渐开线花键两类，这两类花键均已标准化。

（1）矩形花键。按齿高的不同，矩形花键的齿形尺寸一般分为两个系列，即轻系列和中系列。轻系列的承载能力较低，多用于静连接或轻载连接；中系列用于中等载荷连接。

矩形花键的定心方式为小径定心，即外花键和内花键的小径为配合面，其特点是定心精度高，定心的稳定性好，能用磨削的方法消除热处理引起的变形。矩形花键连接是应用最为广泛的花键连接，如用在航空发动机、汽车、燃气轮机、机床、工程机械、拖拉机等机械传动装置中。

（2）渐开线花键。渐开线花键的齿廓为渐开线，分度圆压力角有 30° 及 45° 两种，齿顶高分别为 $0.5m$ 和 $0.4m$（m 为模数）。渐开线花键可以用制造齿轮的方法来加工，工艺性较好，易获得较高的制造精度和互换性。

2. 断面

用假想剖切平面将机件的某处切断，然后画出该剖切平面与机件接触部分的图形，该图形就是断面，如图 7 – 36 所示。

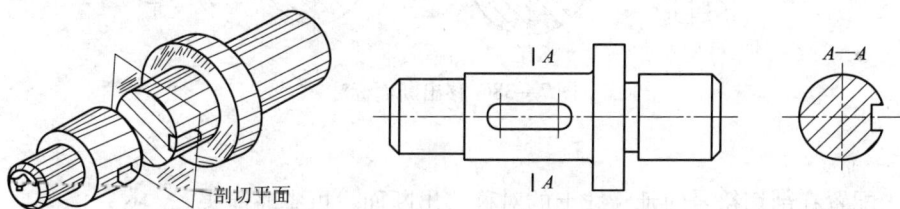

图 7 – 36　断面图

这里需要注意一下断面与剖视的区别：断面仅画出该剖切平面与机件接触部分的图形，而剖视则是将断面连同它后面的结构投影一起画出来。

1）断面的种类

一般可将断面分为以下两种。

（1）移出断面：画在视图外的断面。

移出断面一般用剖切符号表示剖切的起止位置，用箭头表示投影方向，并注上大写拉丁字母，在断面图的上方用同样的字母标出相应的名称"×—×"，如图 7 – 37 所示。

① 剖切平面通过回转面形成的孔或凹坑的轴线时，应按剖视画。

② 当剖切平面通过非圆孔，会导致完全分离的两个断面时，这些结构也应按剖视画。

（3）移出断面的标注方法，如图 7 – 38 中的 A—A 断面（如在剖切线延长线上可省略字母）。如果图形是对称的，可省略箭头，不对称移出断面图要标注齐全，如图 7 – 38 中的 B—B 断面。

① 配置在剖切符号的延长线上的不对称移出断面，可省略名称（字母），若对称可不

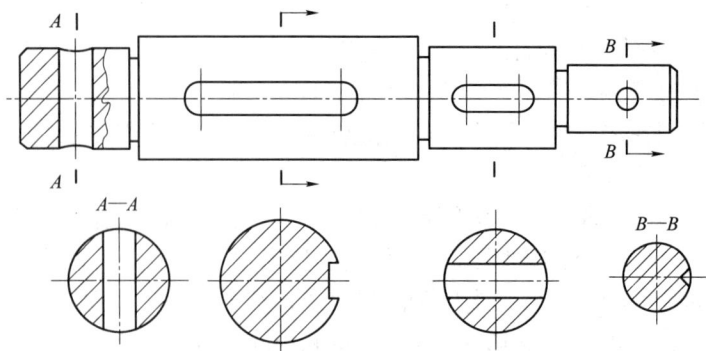

图 7 – 37　移出断面

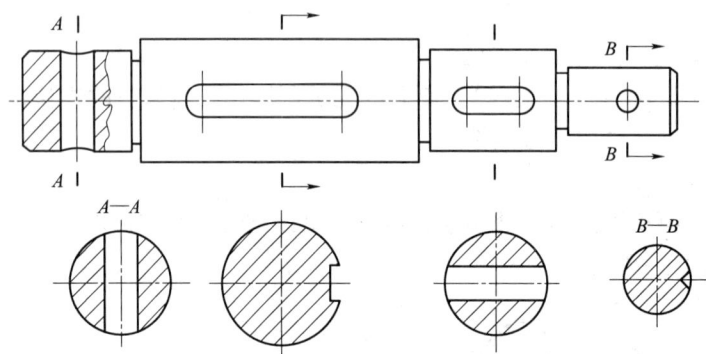

图 7 – 38　移出断面标注

标注。

②　未配置在剖切符号的延长线上的对称移出断面，可省略箭头。

③　其余情况必须全部标注。

（2）重合断面：画在视图内的断面。

断面的轮廓线用细实线画出，当视图的轮廓线与重合断面的图形重叠时，视图中的轮廓线仍应连续画出，不可间断，标注时配置在剖切线上的不对称的重合断面图，可不标注名称（字母），如图 7 – 39（a）所示，对称的重合断面图，可不标注，如图 7 – 39（b）所示。

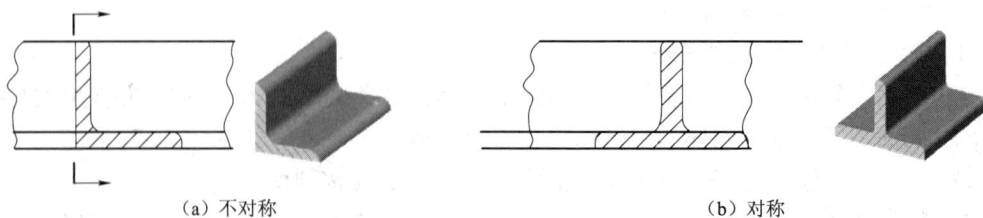

（a）不对称　　　　　　　　　　　　　　　　　（b）对称

图 7 – 39　重合断面图

2）画断面图的注意事项

画断面图时需要注意以下一些问题。

（1）当剖切平面通过回转面形成的孔或凹坑的轴线时，这些结构按剖视绘制，如断面在圆孔或锥坑通过处，圆周轮廓线画成封闭的。

（2）由两个或多个相交平面剖切所得的移出断面，中间一般应断开。

（3）为了正确表达断面实形，剖切平面要垂直于所需表达机件结构的主要轮廓线或轴线。

（4）当剖切平面通过非圆孔会导致出现完全分离的两个断面时，则这些结构按剖视绘制。

（5）在不致引起误解时，允许将移出断面旋转。

思考与练习

测量图 7 - 40 所示的花键轴的尺寸，测量方法如图 7 - 41 所示。

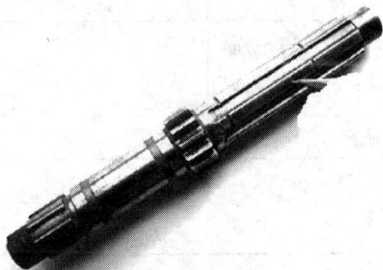

图 7 - 40   花键轴

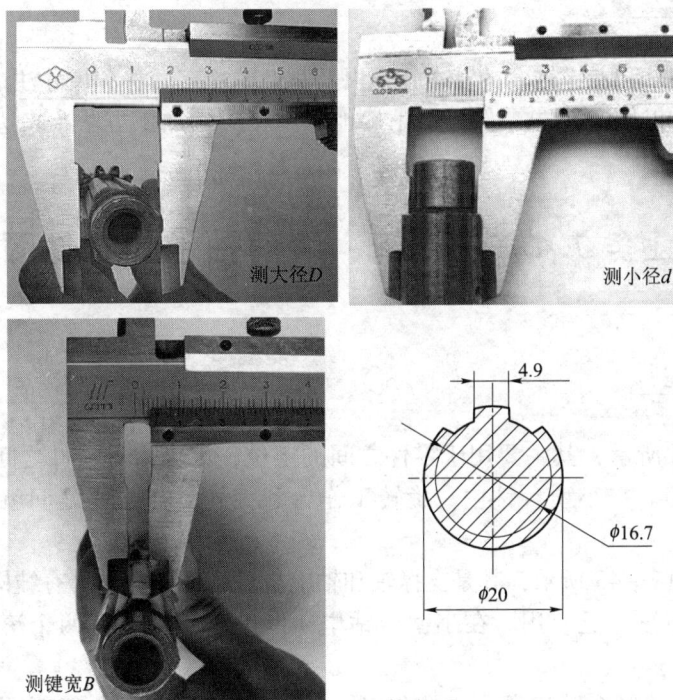

测大径D

测小径d

测键宽B

4.9

$\phi16.7$

$\phi20$

图 7 - 41   测量方法

学习评价

任务名称	识读花键轴和花键轴套的零件图					
学习小组		组长		班级		日期	
组员						
序号	评价内容		学生自评		小组评价	
知识目标	了解花键的基本知识、画法和尺寸注法					
	掌握断面图的基本知识和尺寸注法					
能力目标	能够正确运用所学的制图基本知识，识读花键的零件图					
	能够根据零件的形状和尺寸，完成断面图的画法和尺寸注法					
职业行为	观察、分析、交流、评价、合作的能力					
教师综合评价						

任务小结

通过识读花键轴和花键轴套的基本知识以及它们的规定画法和尺寸注法，了解零件的尺寸和技术要求等，以便在制造零件时能正确地采用相应的加工方法，来达到图样上提出的要求。

任务7.4　识读销、滚动轴承的零件图

任务描述

销如图 7-42 所示，其主要用于零件之间的定位，也可用于零件之间的连接，但其只能传递不大的转矩。在小型台钻中，旋转工作台和旋转工作台座之间就有用于定位的圆柱销。

滚动轴承如图 7-43 所示，其是支撑轴和轴上机件的部件。它具有结构紧凑、摩擦力小等特点，在机械中被广泛应用。在小型台钻中，齿条套筒内装有两个滚动轴承用以支撑主轴。

在本任务中，将结合销和滚动轴承的实物，完成对销和滚动轴承零件图的识读。

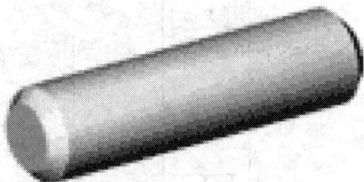

图7-42 销

图7-43 滚动轴承

知识目标

（1）了解销和滚动轴承的基本知识。
（2）掌握销和滚动轴承的画法和尺寸注法。

能力目标

能够正确运用所学的制图基本知识，识读销和滚动轴承的零件图。

任务分析

1. 分析零件图
通过学习销和滚动轴承的作图知识，能够独立地完成对销和滚动轴承的分析。
2. 识读零件图
对照销和滚动轴承的零件实物，识读销和滚动轴承的零件图。

任务实施

销和滚动轴承都是标准零件。在识读的过程中，要求在完成对销和滚动轴承的零件分析后，按以下步骤进行零件图的识读。
1. 销零件图的识读
销是一种起连接和定位作用的标准件，如图7-44所示，常用的有圆柱销、圆锥销和开口销等。销的画法和其他标准件不同，它无须规定画法，只与一般零件的画法相同。
2. 滚动轴承零件图的识读
滚动轴承的规格、形式很多，但都已经标准化，不必画出它的详细零件图（见图7-45）。滚动轴承剖视图轮廓应按外径 D、内径 d、宽度 B 等几个主要尺寸，按比例绘制，轮廓内可用简化画法或示意画法绘制。

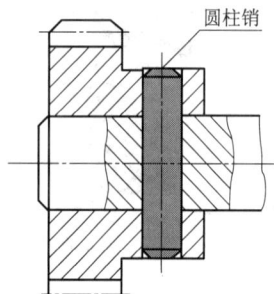

图 7 – 44 销零件图

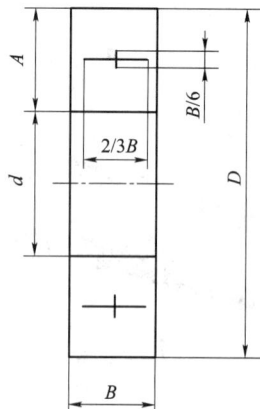

图 7 – 45 滚动轴承零件图

相关知识

1. 销连接

销连接主要用来固定零件之间的相对位置，起定位作用，也可用于轴与轮毂的连接，传递不大的载荷，还可作为安全装置中的过载剪断元件。

（a）圆柱销　　　（b）圆锥销　　　（c）开口销

图 7 – 46 销的种类

常用的销有圆柱销、圆锥销和开口销三种，如图 7 – 46 所示。这三种销的结构形状和尺寸均已标准化，画图时可根据有关需要从有关标准中查出各项数据。圆柱销和圆锥销主要用于零件之间的连接、定位；开口销则用于防止螺母松脱。

销的规定标记为：

名称　国标代号　规格尺寸

常用销的形式和标记示例如表 7 – 6 所示。

表 7 – 6 常用销的形式和标记示例

名称	标准编号	简　图	标记及说明
圆锥销	GB/T 117—2000		销 GB/T 117 A10 × 100：直径 $d = 10$ mm，长度 $l = 100$ mm，材料 35 号钢，热处理硬度 28 ～ 38 HRC，不经表面处理 圆锥销的公称直径指小端直径

续表

名称	标准编号	简　图	标记及说明
圆柱销	GB/T 119.1—2000		销 GB/T 119.1 10 m6 × 80：直径 d = 10 mm，公差为 m6，长度 l = 80 mm，材料为钢，不经表面处理 销 GB/T 119.1 12 m6 × 60 – A1：直径 d = 12 mm，公差为 m6，长度 l = 10 mm，材料为 A1 组奥氏体不锈钢，表面简单处理
开口销	GB/T 91—2000		销 GB/T 91 4 × 20：公称直径 d = 4 mm（指销孔直径），l = 20 mm，材料为低碳钢，不经表面处理

在画销连接时应注意，用销连接的两零件上的孔，应该是装配到一起后加工出来的，因而在各自的零件图上都应有标注。

销连接的画法和标注如图 7 – 47 和图 7 – 48 所示。

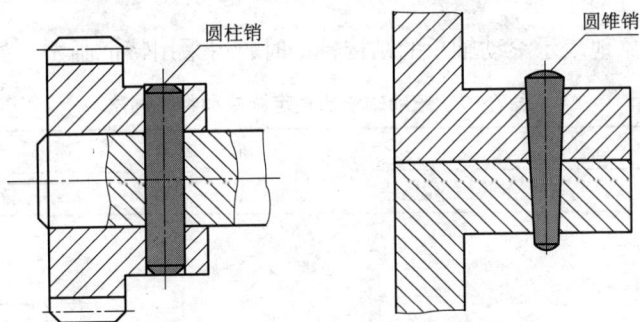

图 7 – 47　销连接的画法

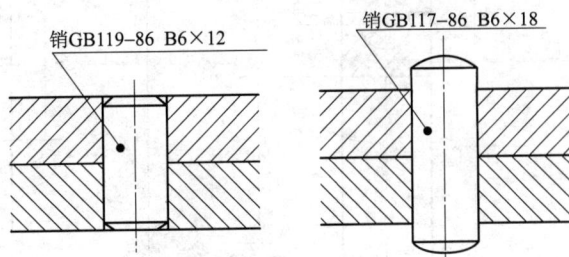

图 7 – 48　销连接的标注

2. 滚动轴承

滚动轴承是标准组件，不需要画各组成部分的零件图。画图时，应先根据轴承代号由国家标准查出轴承的外径 D、内径 d、宽度 B 等几个主要数据，然后将其他尺寸按与主要尺寸的比例关系画出。在装配图中，滚动轴承可以用通用画法、规定画法和特征画法三种方法来绘制。三种画法画法中各种符号、矩形线框和轮廓线均用粗实线绘制，且外框轮廓的大小应与滚动轴承的外形尺寸一致。

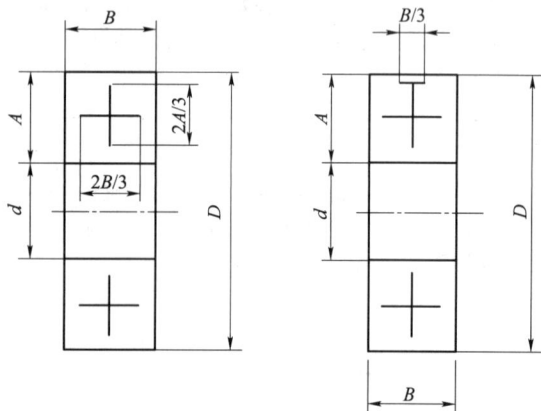

图 7-49　滚动轴承的通用画法

在剖视图中，用通用画法和特征画法绘制滚动轴承时，一律不画剖面符号。采用规定画法绘制时，其各套圈可画成方向和间隔相同的剖面线。

（1）如不需要表示轴承的外形轮廓、载荷特性、结构特征时，可采用通用画法画滚动轴承，如图 7-49 所示。

（2）在装配图中需要较详细地表达滚动轴承的主要结构时，可采用规定画法，如表 7-7 所示。

采用规定画法绘制滚动轴承的剖视图时，轴承的滚动体不画剖面线，其各套圈画成方向与间隔相同的剖面线。规定画法一般绘制在轴的一侧，另一侧按通用画法画出。

（3）如需较形象地表示滚动轴承的结构特征时，可采用特征画法，如表 7-7 所示。

表 7-7　滚动轴承的规定画法和特征画法

名称和标准号	画　　法	
	规定画法	特征画法
深沟球轴承 GB/T 276—1994		

名称和标准号	画　法	
	规定画法	特征画法
圆锥滚子轴承 GB/T 297—1994		
推力球轴承 GB/T 28697—2012		

（图表中标注：T、C、T/2、A/2、A/2、A、A/4、D、d、T/2、15°、B；2B/3、A、D、d、30°、B；T、60°、T/2、A、T/2、A/2、D、d；2/3A、A、1/6A、D、d、T）

思考与练习

1. 如图 7 - 50 所示，画出齿轮的两个视图，已知 $m = 3$ mm，$z = 20$，写出主要计算式。

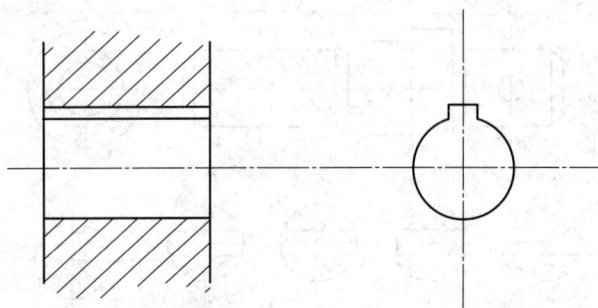

图 7 - 50　练习题 1 图

2. 读图 7 - 51 所示阀盖零件图并填空。

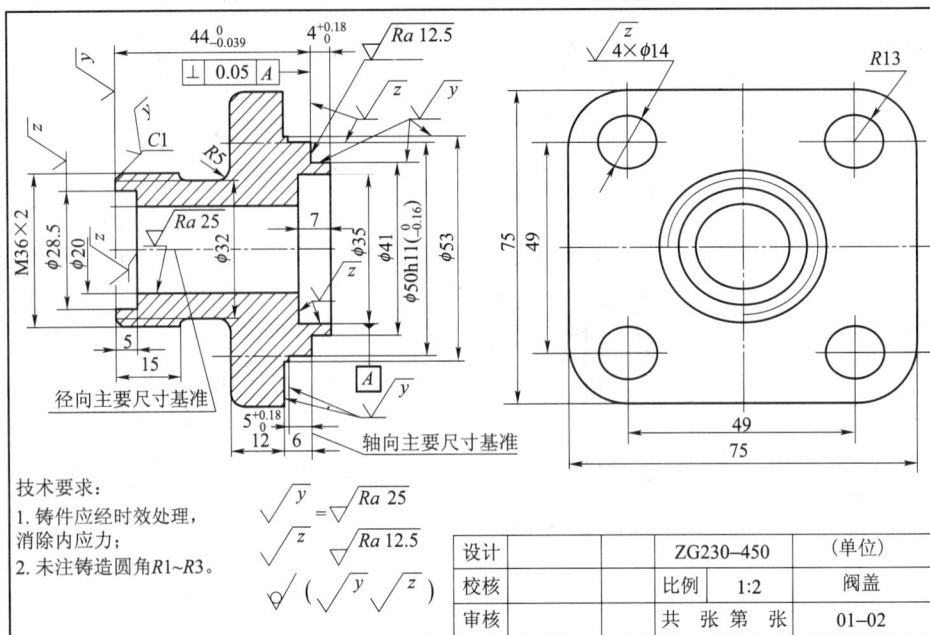

图 7 - 51　阀盖零件图

（1）从标题栏可知，阀盖按比例_____绘制，材料为铸钢。阀盖的实际总长为_____ mm。

（2）阀盖由主视图和左视图表达。主视图采用_____剖视图，表示了两端的阶梯孔、中间通孔的形状及其相对位置，右端的圆形凸台，以及左端的外螺纹。

（3）阀盖的轴向尺寸基准为注有表面粗糙度 $Ra\,12.5\,\mu m$ 的右端台缘端面，由此注有尺寸 $4^{+0.18}_{0}$ mm、_____以及 $5^{+0.18}_{0}$ mm、6 mm 等。阀盖左右两端面都是轴向的辅助尺寸基准。

（4）阀盖是铸件，需进行时效处理，其目的是为了消除_____。注有公差的尺寸 $\phi50$ h11 $\left(^{0}_{-0.16}\right)$ mm 的凸缘与阀体有配合要求，该尺寸的标准公差等级为_____级、基本偏差代号为_____、其最大极限尺寸为_____、最小极限尺寸为_____。

（5）作为长度方向上的主要尺寸基准的端面相对阀盖水平轴线的垂直度位置公差为_____ mm。

3. 判断图 7 - 52 所示 B—B 断面图，正确的答案是_____。

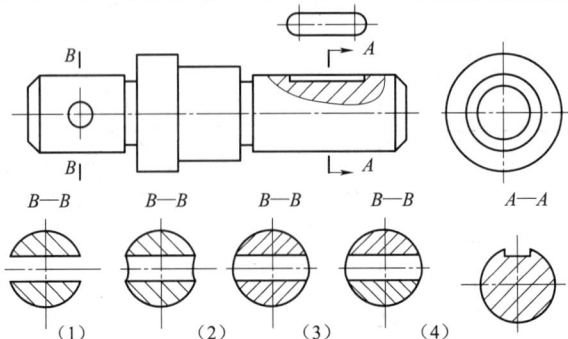

图 7 - 52　练习题 3 图

学习评价

任务名称	识读销、滚动轴承的零件图				
学习小组		组长		班级	日期
组员					
序号	评价内容		学生自评		小组评价
知识目标	了解销和滚动轴承的基本知识				
	掌握销和滚动轴承的画法和尺寸注法				
能力目标	能够正确运用所学的制图基本知识				
	识读销和滚动轴承的零件图				
职业行为	观察、分析、交流、评价、合作的能力				
教师综合评价					

任务小结

（1）销连接的画法属于正常投影图，无专门的规定画法。

（2）销连接的画法中，销常常稍微超出被连接处的总厚度。

（3）开口销装入后，开口端应画成弯曲的形状。

（4）常用销的标记，必须注意其格式是由三部分组成的。要搞清其查表的依据：销是根据其自身的公称直径查表得出的。

（5）滚动轴承的标记要会查阅国家标准；画法上，注意内圈和外圈分别是不同的零件，所以剖面线方向应相反。

情 景 8

台式钻床的装配

机器或部件都是由若干相互关联的零件按照一定的装配关系和技术要求装配而成的。将零件装配成部件，将零件和部件装配成机器的过程就称为装配。在本情景中，将以台式钻床为例，学习装配图和零部件装配的知识，并完成对台式钻床装配图的识读以及台式钻床的总装配。

任务 8.1 识读台式钻床的装配图

任务描述

台式钻床如图 8-1 所示，具有结构简单，操作方便的特点，其主要用来在小型零件上钻、扩 ϕ13 mm 以下的孔。图 8-2 所示为台式钻床的简易装配图，装配图是表达机器或部件工作原理、装配关系、结构形状和技术要求等内容的图样。装配图在科研和生产中起着十分重要的作用。本任务中，将利用台式钻床的装配图，完成对装配图相关知识的学习，并掌握识读装配图的方法和步骤。

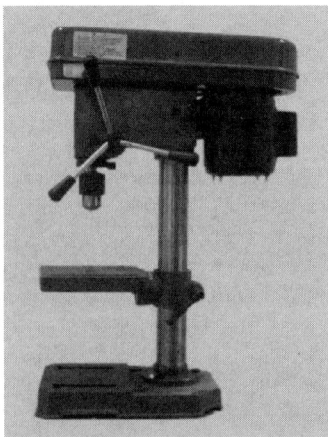

图 8-1 台式钻床

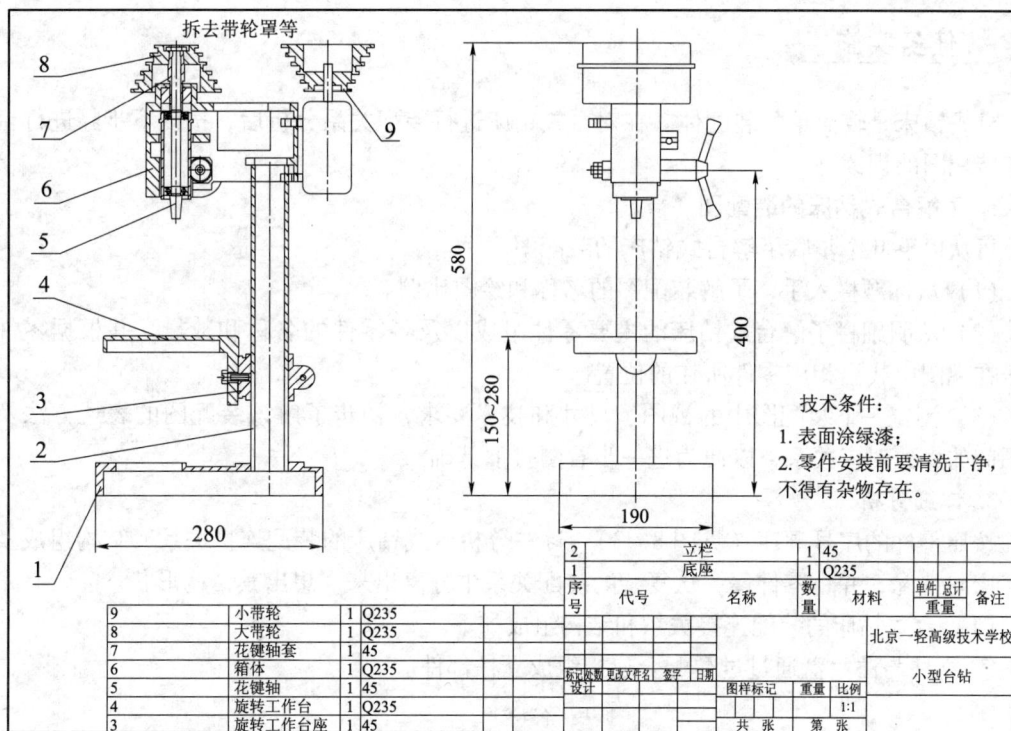

图 8 - 2　台式钻床的简易装配图

知识目标

（1）掌握装配图的内容和表达方法。
（2）掌握装配图的标注。
（3）掌握国家标准对装配图的相关规定。

能力目标

能够读懂台式钻床装配图。

任务分析

1. 分析装配图

在对台式钻床的各主要零件进行零件图绘制的基础上，通过学习装配图的基础知识，对台式钻床装配图的内容、表达方法和标注等有一个全面的了解。

2. 识读装配图

运用国家标准对装配图的规定，看懂台式钻床的装配图，为装配台式钻床打下基础。

任务实施

台式钻床是较简单的装配体。在对台式钻床进行装配关系分析后，按以下步骤进行台式钻床装配图的识读。

1. 了解台式钻床的装配图

可从以下几个步骤了解台式钻床的装配图。

（1）从标题栏入手，了解装配图的名称和绘图比例。

（2）从明细栏了解台式钻床的主要零件组成以及各零件的名称和数量，并根据零件的序号在视图中找出相应零件所在的位置。

（3）浏览一下装配图中的视图、尺寸和技术要求，初步了解该装配图的表达方法及各视图间的大致对应关系，以便为进一步看图打下基础。

2. 详细分析

按照零件的序号顺序（见图 8－3），逐一分析台式钻床的装配连接关系、结构组成及润滑、密封情况，并将零件逐一从复杂的装配关系中分离出来，想出其结构形状。

（1）台式钻床的装配连接关系和结构组成如下。

① 立柱与法兰盘通过过盈配合连接组成立柱部件。

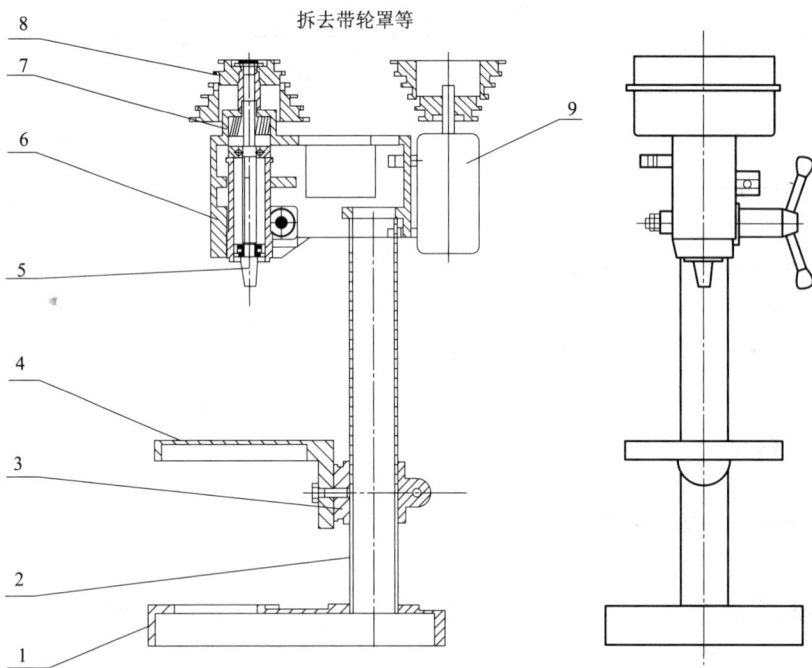

图 8－3 台式钻床装配图

1—底座；2—立柱；3—旋转工作台座；4—旋转工作台；5—主轴；
6—主轴箱体；7—齿轮轴轴座；8—带轮；9—电机

② 旋转工作台与旋转工作台连接板之间为铆接连接，旋转工作台连接板与旋转工作台座之间为螺栓连接，三者组成旋转工作台部件。

③ 带轮与电机之间，电机与主轴箱体之间，带轮与花键套之间均为螺栓连接，花键主轴与花键套的连接为花键连接，齿轮轴轴座与主轴箱体孔的配合为过盈连接，除电机外的上述零件均安装于主轴箱体中，组成主轴箱体部件。

④ 立柱部件、主轴箱体部件通过螺栓连接固定于底座上，旋转工作台部件套入立柱并螺栓夹紧。

（2）台式钻床通过定时加注机油的方式进行润滑。

（3）装配图中主视图通过全剖的方式重点表达了各主要部件之间的装配关系，俯视图手柄与齿条之间的装配关系。

3. 归纳总结

台式钻床的功能是完成对小型零件上钻、扩 $\phi 13$ mm 以下的孔的操作。它是通过电机的旋转，带动安装在电机上的带轮（大或小带轮）、传动带和安装在花键套上带轮（大或小带轮）的旋转，从而使花键套带动花键轴旋转起来完成主运动。通过安装有手柄的齿轮轴与齿条的啮合，使齿条带动花键轴上下运动完成进给运动。

相关知识

在设计过程中，通常是根据设计任务书，先画出符合设计要求的装配图，再根据装配图画出符合要求的各零件图。在装配过程中，要根据装配图制定装配工艺规程进行装配、调试和检验产品。在使用过程中，要从装配图上了解产品的结构、性能、工作原理及保养、维修的方法和要求。

1. 装配图的内容

如图 8 - 4 所示的滚动轴承座的装配图，可以看出一张装配图有如下内容组成。

（1）一组视图：表达机器或部件的工作原理、装配关系、传动路线、连接方式及零件的基本结构。

（2）必要的尺寸：表示机器或部件的性能、规格、外形大小及装配、检验、安装所需的尺寸。

（3）序号：组成机器或部件的每一种零件（结构形状、尺寸规格及材料完全相同的为一种零件），在装配图上，必须按一定的顺序编上序号。

（4）明细栏：注明各种零件的序号、代号、名称、数量、材料、重量、备注等内容，以便读图、图样管理及进行生产准备、生产组织工作。

（5）技术要求：用符号或文字注写的机器或部件在装配、检验、调试和使用等方面的要求、规则和说明等。

（6）标题栏：说明机器或部件的名称、图样代号、比例、重量及责任者的签名和日期等内容。

2. 装配图的表达方法

装配图和零件图一样，也是按正投影的原理和方法绘制的。零件图的表达方法（视图、剖视、断面等）及视图选用原则，一般都适用于装配图。但由于装配图与零件图各自表达对象的重点及在生产中所使用的范围有所不同，因而国家标准对装配图在表达方法上还有一些专门规定。

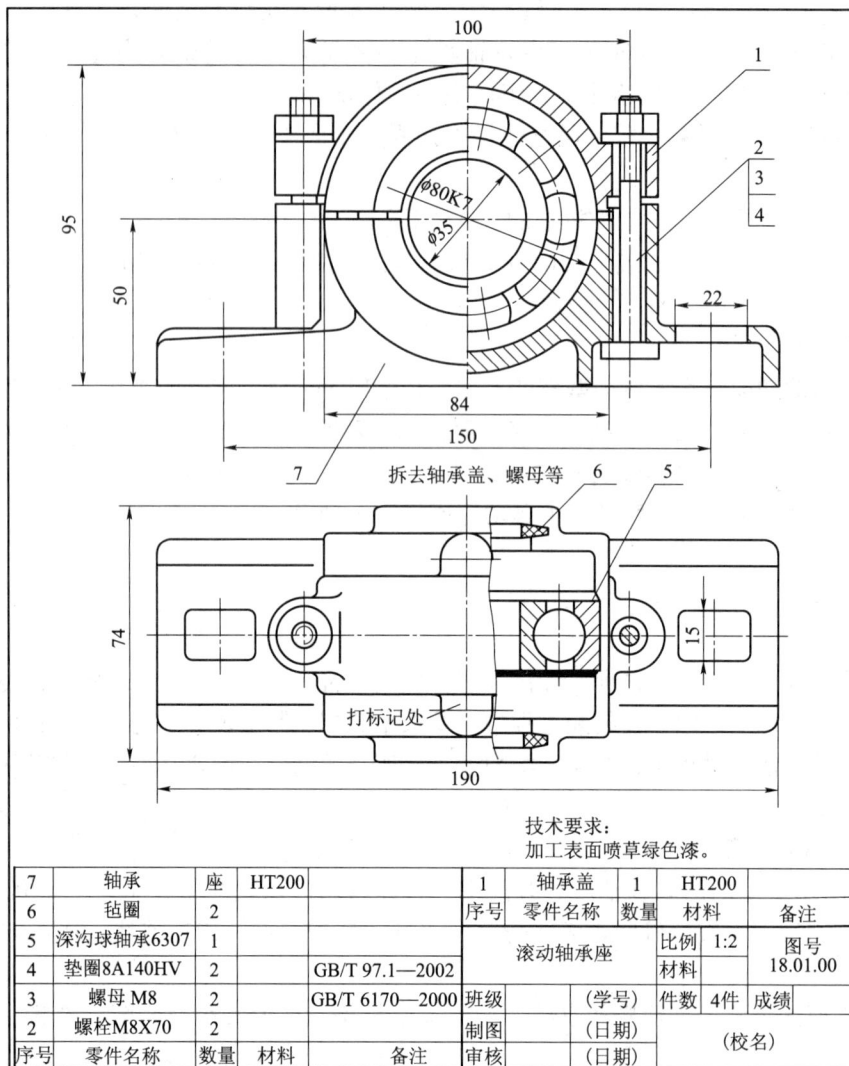

图 8 - 4   滚动轴承座装配图

7	轴承	座	HT200		1	轴承盖	1	HT200	
6	毡圈	2			序号	零件名称	数量	材料	备注
5	深沟球轴承6307	1							
4	垫圈8A140HV	2	GB/T 97.1—2002		滚动轴承座		比例	1:2	图号
3	螺母 M8	2	GB/T 6170—2000	班级			(学号)	件数 4件	成绩 18.01.00
2	螺栓M8X70	2		制图			(日期)		(校名)
序号	零件名称	数量	材料	备注	审核		(日期)		

1）装配图的规定画法

装配图的规定画法如图 8 - 5 所示。

（1）两相邻零件的接触面和配合面只画一条线；但相邻的两基本尺寸不相同的不接触表面和非配合表面，即使其间隙很小，也必须画两条线。

（2）在剖视图或断面图中，相邻两个零件的剖面线倾斜方向应相反或方向一致而间隔不同。

（3）需要特别表明轴等实心零件上的凹坑、凹槽、键槽、销孔等结构时，可采用局部剖视来表达。

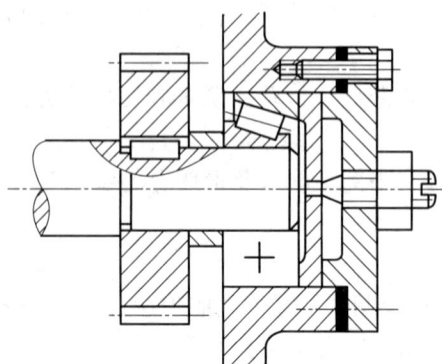

图 8 - 5   装配图的规定画法

（4）厚度小于或等于 2 mm 的狭小面积的剖面，可用涂黑代替剖面符号。

（5）紧固件以及轴、连杆、球、勾子、键、销等实心零件，若按纵向剖切，且剖切平面通过其对称平面或轴线时，则这些零件均按不剖绘制。

2）装配图的特殊表达方法

装配图的特殊表达方法主要有以下几种。

（1）拆卸画法：假想将一些零件拆去后再画出剩下部分的视图。采用拆卸画法的视图需加以说明时，可标注"拆去××零件"等字样，如图 8-6 所示。

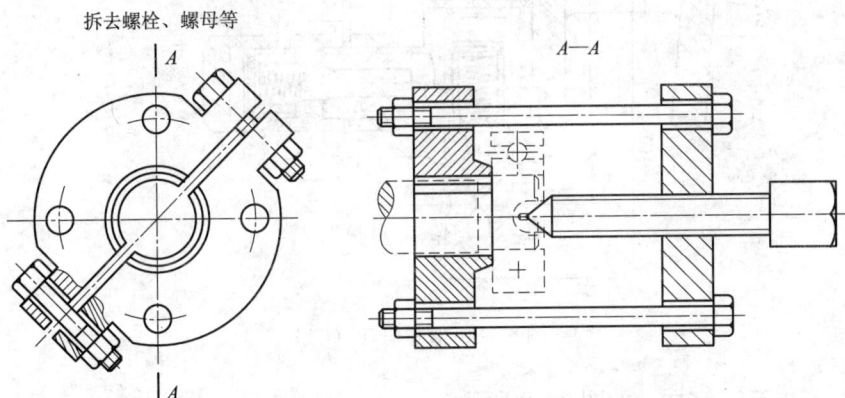

图 8-6　拆卸画法

（2）假想画法：

① 当需要表达所画装配体与相邻零件或部件的关系时，可用双点划线假想画出相邻零件或部件的轮廓，如图 8-7 所示；

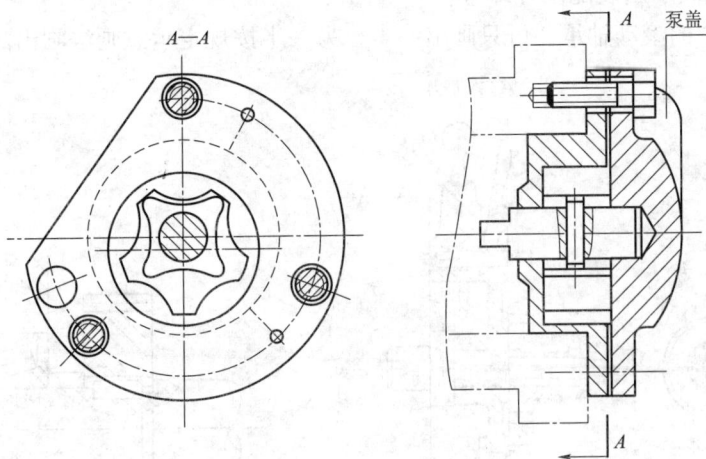

图 8-7　假想画法（一）

② 当需要表达某些运动零件或部件的运动范围及极限位置时，可用双点划线画出其极限位置的外形轮廓，如图 8-8 所示；

（3）展开画法：为了表达传动机构的传动路线和装配关系，可假想按传动顺序沿轴线剖切，然后再依次将各剖切平面展开在一个平面上，画出其剖视图。此时应在展开图的上方

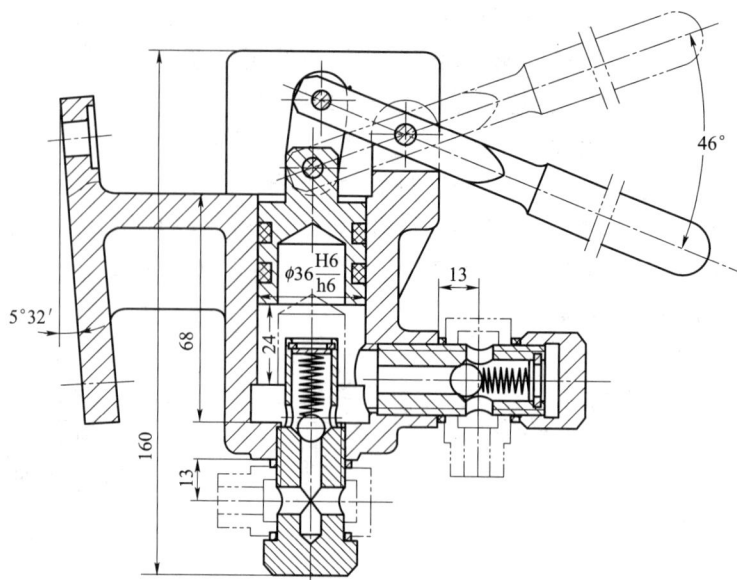

图 8 - 8　假想画法（二）

注明"×—×展开"字样，如图 8 - 9 所示。

（4）夸大画法：在装配图中，如绘制厚度很小的薄片、直径很小的孔以及很小的锥度、斜度和尺寸很小的非配合间隙时，这些结构可不按原比例而夸大画出，如图 8 - 10 所示。

（5）简化画法：如图 8 - 10 所示。

① 装配图中若干相同的零件组，如螺栓、螺母、垫圈等，可只详细地画出一组或几组，其余只用点划线表示出装配位置即可。

② 装配图中的滚动轴承，可只画出一半，另一半按规定示意画法画出。

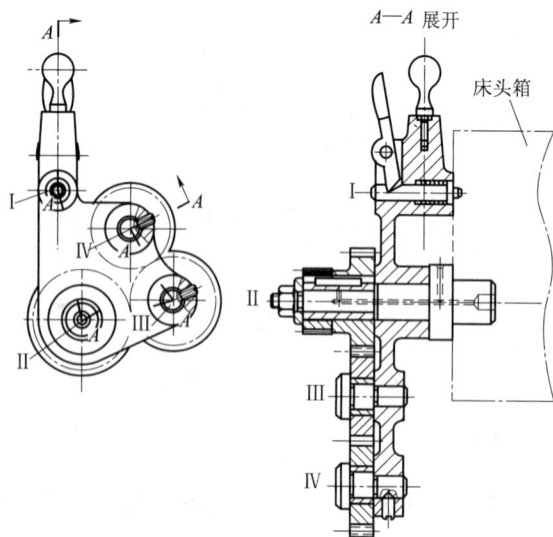

图 8 - 9　展开画法

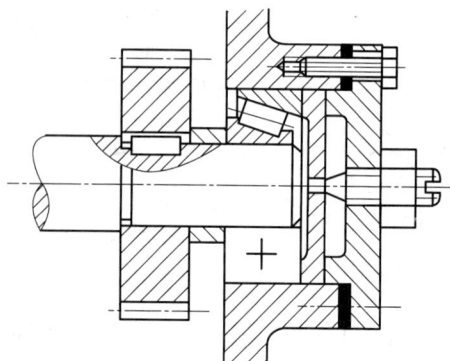

图 8 - 10　夸大画法和简化画法

3. 装配体表达方案分析

现以图 8-11 所示的装配图为例进行装配体表达方案的分析。

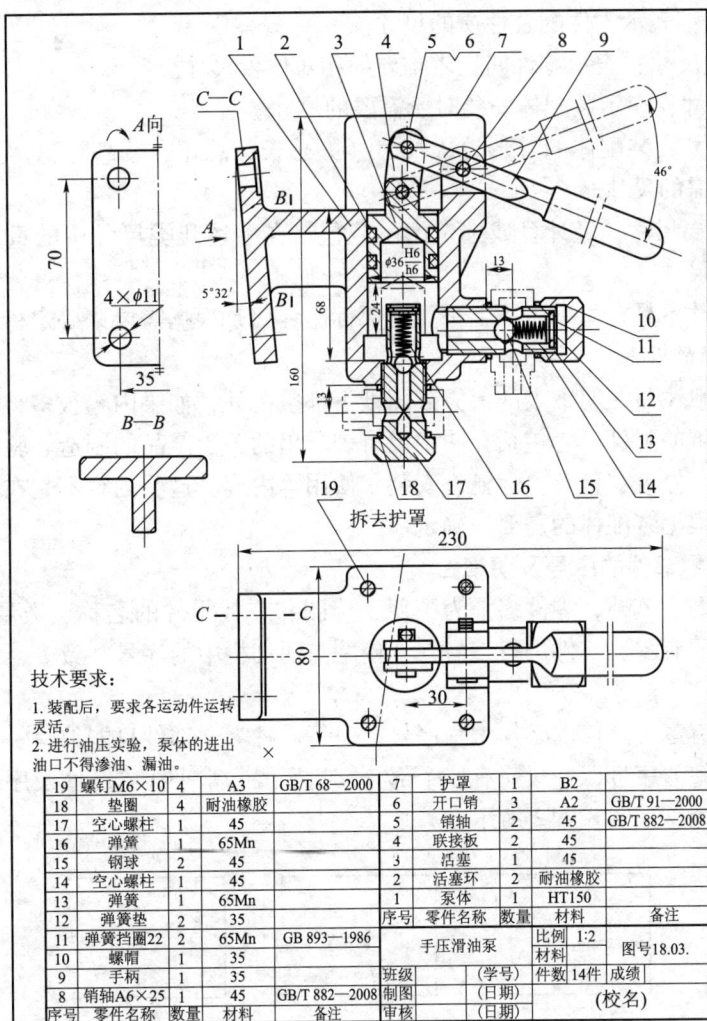

图 8-11 手压滑油泵装配图

19	螺钉M6×10	4	A3	GB/T 68—2000	7	护罩	1	B2	
18	垫圈	4	耐油橡胶		6	开口销	3	A2	GB/T 91—2000
17	空心螺柱	1	45		5	销轴	1	45	GB/T 882—2008
16	弹簧	1	65Mn		4	联接板	2	45	
15	钢球	2	45		3	活塞	1	45	
14	空心螺柱	1	45		2	活塞环	2	耐油橡胶	
13	弹簧	1	65Mn		1	泵体	1	HT150	
12	弹簧垫	2	35		序号	零件名称	数量	材料	备注
11	弹簧挡圈22	2	65Mn	GB 893—1986		手压滑油泵		比例 1:2 材料	图号18.03.
10	螺帽	1	35						
9	手柄	1	35				(学号)	件数 14件	成绩
8	销轴A6×25	1	45	GB/T 882—2008	班级 制图		(日期)		
序号	零件名称	数量	材料	备注	审核		(日期)	(校名)	

技术要求：
1. 装配后，要求各运动件运转灵活。
2. 进行油压实验，泵体的进出油口不得渗油、漏油。

（1）该图的主视图是按工作位置放置。

（2）主视图采用了全剖视，清楚表达了两条装配干线及多数零件的位置。

（3）用拆去护罩的俯视图来表达部件外形及护罩安装孔的情况。

（4）A 向局部视图表示了安装面的外形及安装孔位置。B—B 移出断面表示了泵体左端中部连接部分的断面形状。

4. 装配图的尺寸标注和技术要求的注写

1）尺寸标注

装配图的作用和零件图不同，因此在装配图上标注尺寸时，不必把表示零件大小的尺寸都标注出来，只需标注以下几个尺寸即可。

（1）规格（性能）尺寸：表示装配体的性能、规格或特征的尺寸。它常常是设计或选择使用装配体的依据。

（2）装配尺寸：装配体各零件间装配关系的尺寸，包括以下两种。

① 配合尺寸：表示零件配合性质的尺寸。

② 相对位置尺寸：表示零件间比较重要的相对位置尺寸。

（3）安装尺寸：表示装配体安装时所需要的尺寸。

（4）外形尺寸：装配体的外形轮廓尺寸（如总长、总宽、总高等），是装配体在包装、运输、安装时所需的尺寸。

（5）其他重要尺寸：经计算或选定的不能包括在上述几类尺寸中的重要尺寸，如运动零件的极限位置尺寸。

上述几种尺寸不是在每一张图上都要全部标出，而是根据需要来确定标注的种类。

2）技术要求的注写

技术要求一般注写在明细表的上方或图纸下部空白处，如果内容很多，也可另外编写成技术文件作为图纸的附件。它包括在图中没有表示出的关于产品的制造、验收、试验的要求以及涂饰、润滑、停放、包装、运输、安装、使用等内容。这些内容不是在每一张图上都要注写全面，而是根据装配体的需要来确定。

4. 装配图中零部件的序号及明细栏

装配图上的图形复杂，零件多。为了便于读图和查找零件的名称、数量、材料等资料，需要对装配图中所有零、部件进行编号，并使之与明细栏中的序号一致。

1）序号

装配图中所有零、部件都必须编写序号。但每一种零、部件只能编写一次序号。

标注一个完整的序号，一般应有三个部分：指引线、水平线或圆圈及序号数字，也可以不画水平线或圆圈，如图 8 – 12 所示。

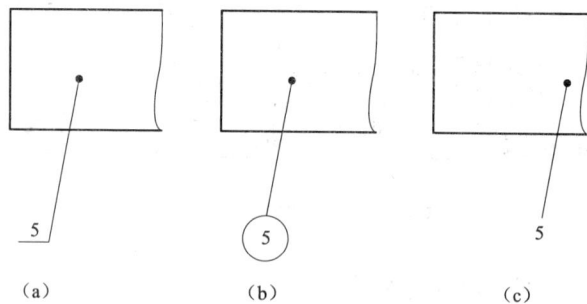

| (a) | (b) | (c) |

图 8 – 12　序号标注形式（一）

序号在装配图周围应按水平或垂直方向排列整齐，序号数字可按顺时针或逆时针方向依次增大，以便查找，如图 8 – 13 所示。在一个视图上无法连续标注全部所需序号时，可在其他视图上按上述原则继续编写。

此外，对于一组紧固件或装配关系清楚的零件组，可采用公共指引线进行标注，如图 8 – 14 所示。

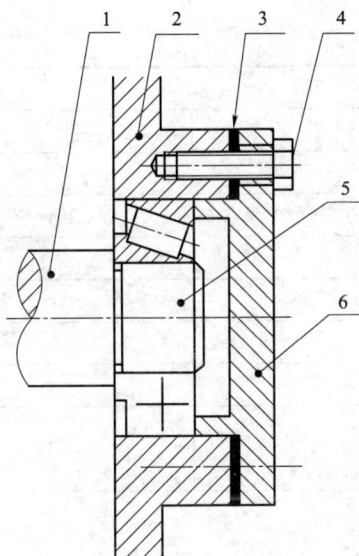

图 8 – 13　序号标注形式（二）

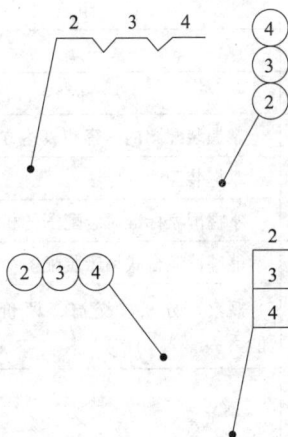

图 8 – 14　序号标注形式（三）

2）明细栏

明细栏一般应紧接在标题栏上方，自下向上编排（见图 8 – 15）。若标题栏上方位置不够时，其余部分可画在标题栏的左方，也可作为装配图的续页按 A4 幅面单独绘制出明细栏。

8		油标B12	1		
7		螺母M12	4		
6		螺栓M12×130	2		
5		轴衬固定套	1	O235–A	
4		上轴衬	1	OAL9–4	
3		承轴盖	1	HT150	
2		下轴衬	1	OAL9–4	
1		轴承座	1	HT150	
序号	代号	名称	数量	材料	备注
设计				（单位）	
校核		比例		滑动轴承	
审核		共　张第　张		（图号）	

图 8 – 15　明细栏

学习评价

任务名称	识读台式钻床的装配图					
学习小组		组长		班级		日期	
组员						
序号	评价内容		学生自评		小组评价	
知识目标	掌握装配图的内容和表达方法					
	掌握装配图的标注					
	掌握国家标准对装配图的相关规定					
能力目标	能够读懂台式钻床装配图					
职业行为	观察、分析、交流、评价、合作的能力					
教师综合评价						

任务小结

在按步骤分析台式钻床的装配图的过程中，学习了装配图的相关知识，掌握了识读装配图的技能，并具体识读了台式钻床的装配图。

任务8.2　装配台式钻床

任务描述

在本任务中，将学习零件和机构的装配方法，并对照台式钻床的装配图，将经过加工、检验合格的台式钻床零件，装配成一台合格的台式钻床。

知识目标

掌握螺纹、键、销、过盈连接、带传动、齿轮传动、滚动轴承等连接和机构的装配方法。

能力目标

能够正确运用各种装配方法，对照台式钻床的装配图，进行小型钻床的总装配。

任务分析

本任务的目标是完成小型钻床的总装配，整个的装配过程分为部件装配和总装配两部分，利用固定式装配形式进行。

任务实施

小型钻床的装配可分为以下几个步骤。

1. 组装齿条套筒部件

组装齿条套筒部件的步骤如下。

（1）修刮、清理花键主轴、齿条套筒等零件上的毛刺，清洁其他待装零件。

（2）将轴承用专用压头工具平稳地压入齿条套筒下端的轴承孔内。

（3）将花键主轴压入下端轴承孔内。

（4）将轴承用专用压头工具同时压入花键主轴上端和齿条套筒上端的轴承孔内。

（5）检验：

① 保持操作时清洁；

② 齿轮套筒转动应平稳、灵活；

③ 主轴锥面对套筒外圆径向圆跳动不大于 0.01 mm。

2. 组装花键套部件

组装花键套部件的步骤如下。

（1）花键套修刮干净、去毛刺，清洁其他待装零件。

（2）将花键套装入花键槽内。

（3）用专用工具将挡圈装入花键槽内。

（4）检验：

① 各零件安装位置正确，清洁无损伤；

② 允许花键套有微量轴向窜动量；

③ 花键套转动灵活，无阻滞现象。

3. 组装齿轮轴部件

组装齿轮轴部件的步骤如下。

（1）清洁主轴箱体的 $\phi 20$ mm 孔口。

（2）用专用工具将齿轮轴轴座压入到孔口中。

（3）把手柄拧入到齿轮轴上手柄座中。

4. 清洗主轴箱

清洗主轴箱的步骤如下。

（1）清理主轴箱体内凸出毛刺、修刮硬点。

（2）用干净柴油将箱体内各孔清洗干净。

（3）检验。箱体腔内及各孔表面清洁，无铁屑、砂粒等残留物粘附。

5. 箱体部件的总装

箱体部件的总装主要包括以下几个步骤。

（1）检查齿条套筒部件和花键套部件。

（2）检查箱体各孔是否清洁干净。

（3）将橡胶垫套入套筒外圆。

（4）将齿条套筒部件装入箱体孔内。

（5）将齿轮轴部件装入箱体 $\phi20$ mm 孔内。

（6）用专用工具把涡卷弹簧旋紧，拧紧弹簧盖上的螺母。

（7）检查：

① 齿条套筒全程移动必须灵活，自动回升时应无任何卡阻现象；

② 主轴外锥径向圆跳动为 0.02 mm；

③ 轴套筒移动对主轴轴心线的平行度为 0.03 mm。

相关知识

1. 螺纹连接的装配

螺纹连接是一种可装拆的固定连接，它在机械中应用极为普遍。

1）螺纹连接的预紧

为了使螺纹连接达到紧固且可靠的目的，必须保证螺纹之间具有一定的摩擦力矩。此摩擦力矩是由施加拧紧力距后产生的，即螺纹之间产生了一定的预紧力。螺纹装配连接时，拧紧力距要适宜，一般由装配者按经验控制。但对于重要的螺纹连接，需由设计人员确定力矩。

2）螺纹连接的装配与防松

装配前要仔细清理工件表面，使其符合图纸要求。螺纹的拧紧次序要合理，如图 8 - 16 所示。一般按顺序用手旋紧后，要再用扳手分 2 ～ 3 次旋紧。

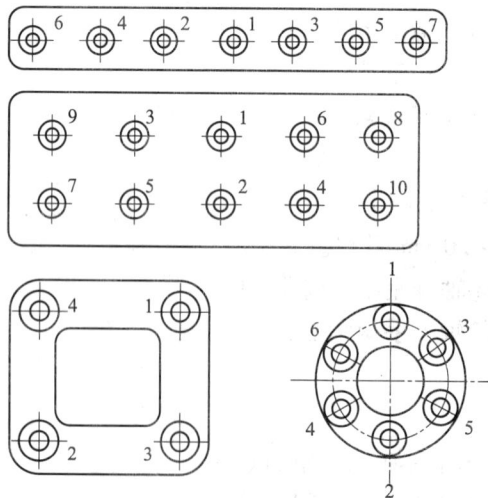

图 8 - 16　拧紧成组螺纹的顺序

对于工作在振动或冲击中的螺纹，为了防止螺栓和螺母回松，螺纹连接要采用防松装置，如表 8-1 所示。

表 8-1 螺纹连接常用防松装置

防松原理	防松装置和说明		
	对顶螺母防松	弹簧垫圈防松	弹性锁紧螺母防松
摩擦力防松			
	利用两螺母间产生的摩擦力和螺母旋紧后的对顶作用，从而达到防松的目的	装配后螺母将弹簧垫圈压平，弹簧垫圈的反弹力，使螺纹间保持压紧力和摩擦力，而达到防松的目的	螺母上部的零件有槽且螺纹尺寸略小于螺栓，装配时卡紧螺母，则螺纹间得到紧密配合和较大表面摩擦力，而达到防松的目的
	槽型螺母和开口销防松	螺母止动垫圈防松	串联钢丝防松
机械防松			
	槽型螺母旋紧后，将开口销插入螺母的径向槽和螺栓的孔中，然后分开开口销的两脚，从而达到防松的目的	螺母旋紧后，将止动垫圈的边弯起贴到规定位置，避免螺母转动，从而达到防松的目的	将钢丝穿过一对或一组螺钉头部的小孔，利用钢丝的拉紧力，从而达到防松的目的

续表

防松原理	防松装置和说明		
	冲击防松	焊接防松	粘接防松
破坏螺纹副防松			涂粘结剂
	螺母旋紧后，用冲击的方法，对螺纹副进行破坏，从而达到防松的目的	螺母旋紧后，用焊接的方法，对螺纹副进行破坏，从而达到防松的目的	在螺栓旋合部分涂粘结剂，当螺母旋紧后，利用粘结剂固化螺纹副的方法，从而达到防松的目的

2. 键连接的装配

键是用于连接传动件，并能传递转矩的一种标准件，可分为松键连接、紧键连接、花键连接三种。

1）松键连接

松键连接可分为普通平键、半圆键、导向平键等，应用最为广泛，其特点是只承受转矩而不能承受轴向力。

松键连接的装配要点如下。

（1）检查键与键槽是否均符合装配要求。

（2）用键头与键槽试配，保证其配合性质，然后锉配键长与键头，留 0.1 mm 左右的间隙。

（3）配合面上涂机油后将键压入，使键与键槽底部接触。

（4）试装轮毂。键与键槽的非配合面应留有间隙，直至完成装配。

2）紧键连接

紧键又称楔键，装配时要使键的上下面与轴槽、轮毂槽的底部贴紧，而两侧面应有间隙。键的贴合情况可用涂色法进行检查，若贴合不好，可用锉刀或刮刀进行键槽修整。

3）花键连接

花键连接装配前应检查花键和花键套是否符合装配要求，否则要进行修整。花键连接分为固定连接和滑动连接。固定连接的装配，当过盈量较小时，可用铜棒轻敲装入；当过盈量较大时，则将套件加热后进行热装。滑动连接应滑动自如，灵活无阻滞，且用手转动套件时不应感觉有间隙。

3. 销连接的装配

销连接主要用于零件之间的定位，也可用于零件之间的连接，但只能传递不大的转矩。

按销的结构不同可分为圆柱销、圆锥销、开口销。

1）圆柱销

一般情况下圆柱销与销孔的配合具有一定的过盈量，装配时用手锤击打铜棒的方式将其打入销孔。此连接不宜多次拆装，否则将使配合变松而降低配合精度。

2）圆锥销

圆锥销试配时，以手推入圆锥销长度的 80% ~ 85% 即可，圆锥销紧实后，其大端应露出工件表面。

3）开口销

开口销打入孔中后，将开口端扳开，以防止振动时脱出。

4. 过盈连接的装配

过盈连接是依靠孔和轴配合后的过盈值达到紧固连接的。其常见的形式有圆柱面过盈连接和圆锥面过盈连接。

（1）圆柱面过盈连接的装配方法有：压入法装配、热涨法装配和冷缩法装配。

① 压入法装配：当过盈量及配合尺寸较小时，一般采用在常温下压入的方法。可采用手锤加垫块冲击压入，也可采用压入工具压入。

② 热涨法装配：热涨法装配也称红套，是利用金属材料的热胀冷缩的特性，将孔加热，使其胀大后，将轴装入孔中，待孔冷却收缩后，轴孔形成过盈连接。

③ 冷缩法装配：冷缩法装配与热涨法装配一样均利用金属材料的热胀冷缩的特性，但操作正好相反。

（2）圆锥面过盈连接的装配方法有：螺母压紧形成圆锥面过盈连接、液压装拆圆锥面过盈连接。

5. 带传动的装配

带传动是依靠带与带轮之间的摩擦力来传递动力的。带传动可分为 V 带传动、平带传动和同步齿形带传动等。

1）带传动机构的装配要求

带传动机构的装配要求如下。

（1）带轮在轴上应安装正确，通常要求其径向圆跳动为（0.002 5 ~ 0.005）D，端面圆跳动为（0.000 5 ~ 0.001）D，D 为带轮直径。

（2）两轮中心平面应重合，其倾斜角和轴向偏移量不得超过规定要求。一般倾斜角不应超过 1°。

（3）带轮工作表面的表面粗糙度要适当，一般为 $Ra\ 3.2\ \mu m$。表面粗糙度过低容易打滑，过高则加剧带的磨损。

（4）带的张紧力要适当，并且调整方便。

2）带轮的装配

用手锤将带轮轻轻打入，或用螺旋压入工具将带轮压到轴上。带轮装在轴上后，要检查带轮的径向圆跳动量和端面圆跳动量。

3）张紧力调整

（1）张紧力的检查：合适的张紧力可根据经验判断：用大拇指在带的中间处向下压，能将带按下 15 mm 即可，也可计算挠度的方法进行判断。

（2）张紧力调整方法：改变两带轮中心距或用张紧轮张紧。

6. 齿轮传动的装配

齿轮传动是机械中常用的传动方式之一，它是依靠轮齿间的啮合来传递运动和转矩的。

1）齿轮传动的装配要求

齿轮传动的装配要求如下。

（1）齿轮孔与轴的配合要适当，以满足使用要求。

（2）保证齿轮副有正确的安装中心距和适当的齿侧间隙。

（3）保证齿面有一定的接触面积和正确的接触位置。

2）齿轮与轴的装配

根据齿轮与轴的配合性质，可采用相应的装配方法。装配后，齿轮在轴上常见的安装误差有齿轮偏心、歪斜、端面未靠贴轴肩等。小型钻床的齿轮轴只要控制制造误差，一般不会产生上述误差。

3）齿轮轴组件的装配

齿轮轴组件装入箱体，应根据其在箱体中的结构特点而定。装配前应检查孔和平面的尺寸精度、形状精度、相互位置精度，以及表面粗糙度和外观质量。

4）啮合质量检查

齿轮装配后，应进行啮合质量检查，包括齿侧间隙检查、接触面积和接触部位检查。

（1）齿侧间隙检查：用压铅丝法和百分表检查法。

（2）接触面积和接触部位检查：用涂色法检查。轮齿上接触印痕应在齿轮高度上接触斑点不少于30% ～ 60%，在齿轮宽度上不少于40% ～ 90%，分布位置应是自节圆上下对称分布。

7. 滚动轴承的装配

滚动轴承具有摩擦力小、轴向力小、更换方便、维护简单的优点，所以应用非常广泛。

1）滚动轴承的装配要求

滚动轴承的装配要求如下。

（1）滚动轴承上标有代号的端面应装在可见的方向。

（2）轴颈或壳体后台阶处的圆弧半径应小于轴承上相对应处的圆弧半径。

（3）轴承装在轴上和壳体孔中后，应没有歪斜现象。

（4）在同轴的两个轴承中，必须有一个可以随轴热膨胀时产生轴向位移。

（5）装配滚动轴承必须严格防止污物进入轴承内。

（6）装配后，轴承须运转灵活，噪声小，工作温度一般不超过65 ℃。

2）滚动轴承的装配方法

装配滚动轴承的最基本原则是使施加的轴向压力直接作用在所装轴承的套圈的端面上，而尽量不影响滚动体。

（1）锤击法：用手锤垫上套筒或铜棒以及扁键等稍软的材料后再锤击。锤击点视轴承装入轴或箱体孔的不同，分别为轴承的内环和外环。

（2）螺旋压力机或液压机装配法：对于过盈量较大的轴承，可以用螺旋压力机或液压机进行装配。压入前要将轴和轴承放平、放正并在轴上涂少许润滑油，压入时速度不要过快，轴承到位后迅速撤去压力。

（3）热装法：当配合过盈较大、装配批量大或受装配条件的限制不能用上述方法装配时，可以使用热装法，即将轴承放在油中加热，使轴承内孔胀大后套装到轴上。

3）轴承间隙调整

装配圆锥滚子轴承和推力轴承时需调整轴承间隙，可使用垫片调整、螺钉调整、螺母调整等方法进行。

学习评价

任务名称		装配台式钻床					
学习小组		组长		班级		日期	
组员							
序号	评价内容		学生自评			小组评价	
知识目标	掌握螺纹、键、销、过盈连接、带传动、齿轮传动、滚动轴承等连接和机构的装配方法						
能力目标	能够正确运用各种装配方法，对照台式钻床的装配图，进行小型钻床的总装配						
职业行为	观察、分析、交流、评价、合作的能力						
教师综合评价							

任务小结

在学习了螺纹、键、销、过盈连接、带传动、齿轮传动、滚动轴承等连接和机构的装配方法后，运用装配的方法和技能，对照台式钻床的装配图，实际操作完成了对台式钻床的装配工作。

任务8.3　台式钻床试车和验收

任务描述

在完成对台式钻床的总装配后，为了使台式钻床达到使用的要求，必须对其进行试车和验收。在本任务中，将学习机床试车和验收的相关知识，并完成对台式钻床的出厂检验。

知识目标

掌握台式钻床的试车和验收知识。

能力目标

能够正确运用试车和验收知识，完成台式钻床的试车和验收。

任务分析

台式钻床装配后，必须经过试车和验收才能出厂。本任务的目标是完成台式钻床的试车和验收。

任务实施

台式钻床的试车和验收大体包括静态检查、空运转试验、负荷试验、精度检验等四个方面。

1. 静态检查

台式钻床在进行性能试验之前，应从以下方面进行静态检查。

（1）用手转动各传动件，应运转灵活。

（2）进给手柄应操纵灵活，定位准确，安全可靠。

（3）电器设备的启动和停止应安全可靠。

2. 空运转试验

空运转试验是指在无负荷状态下启动钻床，检查主轴转速。从最低转速到最高转速依次试验，每级转速的运转时间不少于 5 min，最高转速的运转时间不少于 30 min。同时对进给机构进行试验。

钻床空运转试验时，应满足在各转速下，钻床运转平稳，无明显振动；进给机构平稳可靠；轴承的温度和温升均不得超过规定值。

3. 负荷试验

钻床经空运转试验合格后，将其调至中间转速继续运转，进行负荷试验。负荷试验时，钻床所有机构均应工作正常，动作平稳，不准有振动和噪声。

钻孔、铰孔试验：

选用 HT180 铸铁，加工 $\phi 12H7$ mm 的孔。先钻 $\phi 11.9$ mm 的孔，转速 $n = 600 \sim 650$ r/min，进给量 $f = 0.4 \sim 0.5$ mm/r，再用 $\phi 13$ mm 机用铰刀铰孔达到 $\phi 12H7$ mm 的要求。

4. 精度检验

1）主轴径向圆跳动

将百分表固定在底座表面，使百分表测头顶在主轴外锥表面上。旋转主轴，选择两个位置检验径向圆跳动。将检验棒每旋转 1/3 周，读数一次，3 次读数的平均值即为该处的径向圆跳动的数值。其跳动量应小于 0.02 mm。

2）轴套筒移动对主轴轴线的平行度

将两个百分表固定在底座表面，使千分表测头呈 90°顶在轴套筒表面上。上下移动轴套筒，在主轴最大行程范围内，百分表示值应小于 0.03 mm。

学习评价

任务名称		台式钻床试车和验收					
学习小组		组长		班级		日期	
组员							
序号	评价内容			学生自评		小组评价	
知识目标	掌握台式钻床的试车和验收知识						
能力目标	能够正确运用试车和验收知识，完成台式钻床的试车和验收						
职业行为	观察、分析、交流、评价、合作的能力						
教师综合评价							

任务小结

通过学习台式钻床的试车和验收的相关知识，掌握试车和验收的方法和技能，并实际操作完成了对台式钻床的试车和验收工作。

参 考 文 献

[1] 周鹏翔，刘振魁. 工程制图. 北京：高等教育出版社，2000.
[2] 孙兰凤. 机械制图. 北京：中央广播电视大学出版社，2006.
[3] 王冰. 机械制图及测绘实训. 北京：高等教育出版社，2009.
[4] 钱可强. 机械制图. 北京：中国劳动社会保障出版社，2001.
[5] 姜大源. 职业教育学研究概论. 北京：教育科学出版社，2007.